엄마·아빠와 함께 하는
과학마술
77

고토 미치오 지음 오순훈 옮김 현종오 감수

엄마·아빠와 함께 하는
과학마술
77

아카데미서적

지은이

고토 미치오

도쿄 이과 대학 물리학과 졸업
공학원 대학 및 부속 고교, 도쿄 도립 대학, 메이지 대학 강의
현재 일본 과학 기술 진흥 사업단의 '과학 보안관'으로서
학부모와 어린이를 위한 과학 교실을 지도하고 있다.

옮긴이

오순훈

이학 박사(서울대, 과학사)
저서 《사회 속의 과학, 과학 속의 사회》(한샘 출판사)

감수자

현종오

신나는 과학 정보 센터 대표
SBS '호기심 천국' 자문 교사단 대표

엄마·아빠와 함께 하는 과학 마술 **77**

초판 1쇄 인쇄일:1999년 7월 20일
초판 6쇄 발행일:2010년 8월 25일

지은이:고토 미치오
옮긴이:오순훈
감수:현종오

표지·본문 디자인:지평선 풍경
편집:신사강

편집주간:주성필
펴낸이:주희완
펴낸곳:아카데미서적

서울특별시 강남구 논현동 117-2(한미빌딩)
전화 516-3131~3
팩시밀리 524-9254

값 12,000원

ISBN 89-7616-191-2 72400

간단하지만 마술 같은 실험들

실험은 과학의 참맛을 일깨우는 가장 유능한 전도
사이다. 백 번 보고 듣는 것보다 한 번 해보는 것이
훨씬 낫기 때문이다. 하지만 실험은 보통 번거로운
것이 아니다. 어떤 실험은 준비물 구하기가 하늘의
별 따기보다 어렵다.

그런데 이 책에 등장하는 실험은 언제 어디서나
쉽게 해볼 수 있는 간단한 것들이다. 간단하기는 하
지만 그 신기함은 마치 마술을 보는 듯하다. 실험
뒤에 숨겨진 마술과 같은 과학의 진면목을 만끽할
수 있다.

동아일보 과학동아 편집장 김두희

과학 사랑의 마음이 움트길 바라며

엄마·아빠와 함께 하는 과학 마술 77을 먼저 읽고 참 반갑다! 이렇게 재미있고 신나는 실험책을 만나다니 ……. 특히 평소에 존경해 마지않던 갈릴레오 공방 선생님들의 작품을 우리 나라에 소개하게 된 것을 무척 기쁘게 생각한다.

벌써 6년째 매년 여름이면 동경 과학 기술관에서 뵈었던 선생님들. 이마에 땀이 송글송글 맺히고 목이 다 쉬면서까지 찾아온 학생들에게 열과 성을 다하시던 선생님들. 이런 분들만이 낼 수 있는 책이라고 생각된다.

주변의 물건으로 아주 쉽게 할 수 있는 실험들! 그러나 놀라운 실험 결과들! 이제 과학 하면 자녀들 앞에서 기죽어 지내던 엄마, 아빠들은 걱정을 덜어도 될듯 싶다. 이 책에 나온 실험을 하며 자신감을 찾고 따뜻한 가정도 이루길 바란다.

이 책의 위력은 이미 일본에서 60만 부나 팔렸다는 데서 잘 알 수 있다. 쉽고도 신나는 실험을 개발하고 보급하기 위해 준비해 왔지만 이 책을 본 순간 부러움이 앞섰다. 이 책이 많은 독자들에게 사랑받게 되길 빌며 마음마음마다 과학 사랑이 움텄으면 하는 바람 간절하다.

신나는 과학 정보 센터 대표 현종오

우리 엄마 아빠는 과학 마술사야

아이들의 호기심을 풀어 주고 동시에 부모와 함께 과학의 세계로 자연스럽게 안내할 수 있는 책이 있다면 어떨까? 《엄마 아빠와 함께 하는 과학마술 77》은 그와 같은 요구에 딱 맞는 책이다.

여기서 소개하고 있는 실험들은 무엇보다도 특별한 장비가 없어도 손쉽게 할 수 있다는 것이 큰 장점이다. 77가지 과학 실험은 나들이를 갔다가 돌아오는 길에 들른 레스토랑, 아이와 함께 간 목욕탕, 엄마의 주무대인 부엌, 따뜻한 봄날의 햇살 아래, 온 가족이 도란도란 이야기하는 거실 어디서든 간단하게 할 수 있다. 흔히 과학 실험 하면 비싸고 복잡한 장비가 있어야 하는 것으로만 생각한다. 하지만 진리는 의외로 가까운 곳에 있으며 또한 단순한 것에서부터 시작된다. 우리 주위에 널려 있는 많은 물건들이 얼마든지 좋은 실험 재료가 된다. 그리고 그 해답은 바로 이 책에 있다.

이 책이 제공하는 실험들을 하나하나 해보고 그 원리에 대해 차근히 설명해 주면 아이들은 부모를 존경어린 눈으로 쳐다볼 것이다. "야! 우리 아빠(엄마) 멋있다." 그리고 동네 친구들에게 달려가 자랑스럽게 얘기할 것이다. "우리 엄마, 아빠는 과학 마술사야!"

오순훈

엄마 아빠와 즐기며 깨닫는 과학의 오묘함

상대성 이론으로 유명한 아인슈타인은 물론 발명왕 에디슨도 어린 시절 부모와의 관계 속에서 과학적 소양을 키울 수 있었다. 아버지로부터 나침반을 받은 아인슈타인은 그 바늘이 항상 북쪽을 향하고 있는 것에 의문을 갖게 되었다. 세계적인 과학자로 성장한 이후 그는 눈에 보이지도 않고 손에 잡히지도 않는 힘이 작용하고 있다는 것을 알게 된 그 당시의 강렬한 인상에 대해 말한 바 있다. 에디슨은 어머니로부터 집에서 할 수 있는 실험이 소개된 책을 선물받고 그 책에 실린 내용을 모두 직접 실험해 봄으로써 과학의 깊은 재미를 느낄 수 있었다.

이 책은 자녀와의 일상적인 관계에서 부모들이 자식들에게 과학의 오묘함과 재미를 느낄 수 있도록 쓴 것이다. 소개된 77가지 과학 실험에는 아무런 속임수도 없다. 그런데도 믿기 어려운 현상이 아이들의 눈앞에 전개된다. 아이들은 '눈에 보이지도 않고, 손에 잡히지도 않는 힘'의 존재를 직접 실감하게 된다.

예전에 학교에서 '과학'을 열심히 공부했던 어른이라면 그러한 '마술'이 대기압이나 중력 또는 정전기 때문이라는 것을 알 수 있을 것이다. 그러나 아이들은 아직 그 대부분의 존재를 알지 못한다. 알고 있다고 해도 자연에 존재하는 여러 힘이 이러한 형태로

자신들의 주위에 영향을 미치고 있다고 생각하지는 못할 것이다.

아이는 초롱초롱한 눈으로 실험을 열심히 볼 것이다. 그리고 무엇 때문에 그러한 현상이 일어나는지 열심히 생각할 것이다. 그 경우에는 즉시 그 답을 가르쳐 주지 말고 아이와 함께 그 원리를 생각해 보도록 하자.

이 책에서 다룬 77가지 과학 실험은 필자가 독자적으로 만든 것이지만 이미 다른 다양한 매체에서 다루어진 것도 많다. 그러나 필자는 그것을 모두 여러 번 수정하여 누구라도 간단하게 할 수 있도록 연구하고 개량했다. 그리고 원래는 100가지가 넘는 실험 중에서 지나치게 위험한 것과 특수한 장치 · 기술이 필요한 것을 제외하고 부모와 아이가 즐길 수 있다고 생각되는 77가지만을 선정하였다.

이 책이 부모와 아이들이 대화할 수 있는 기회를 제공하고 우리 사회의 더 나은 발전에 기여할 수 있기를 바란다.

고토 미치오

이 책에 게재된 과학 실험은 모두 어른과 함께 할 것을 전제로 하고 있습니다. 아이에게는 위험한 도구를 사용하는 경우도 있으므로 아이 혼자서 실험하지 않도록 하십시오.

어른이 아이에게 실행해 보일 때에도 유리, 사기 그릇, 날이 있는 도구, 가스불, 뜨거운 물 등을 다루는 경우에는 아이에게 위험하지 않도록 충분히 주의하십시오.

또한 실험이기 때문에 실패할 경우도 있습니다. 실패했을 때 혹시 발생할지도 모르는 위험에 충분히 대비하시기 바랍니다.

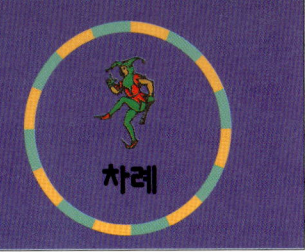

Ⅲ 목욕탕에서 할 수 있는 과학 마술

Ⅳ 저녁 식탁에서 할 수 있는 과학 마술

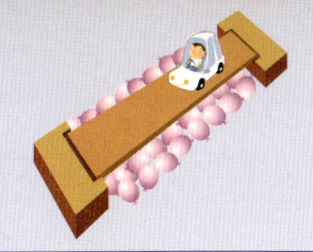

패밀리 레스토랑에서 할 수 있는 과학 마술

휴일에 가족과 외출하여 패밀리 레스토랑에서
식사할 기회가 많을 것이다.
요리가 나올 때까지 기다리는 시간이나
음식을 다 먹은 후에 잠깐 동안이나마
아이들에게 재미있는 과학 마술을 보여 주면
아빠의 위엄이 한껏 발휘될 것이다.

1 떨어지지 않는 물수건

단단하게 묶지도 접착제로 붙이지도 않았는데 두 장의 물수건이 떨어지지 않는다.

마 술 실 험

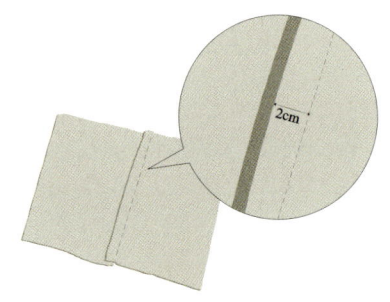

① 물수건 두 장을 식탁 위에 펼쳐 끝을 2cm 정도 겹치게 한다.

② 물수건을 나비 넥타이 모양으로 만들어야 하므로 겹쳐진 부분을 아코디언처럼 주름을 잡아 엄지와 인지로 잡는다.

③ 아이에게 양끝을 잡아당기게 한다. 단지 손가락으로 잡고 있을 뿐인데 아무리 세게 잡아당겨도 두 장의 물수건은 떨어지지 않는다.

✓ 왜 그럴까?

두 장의 물수건이 겹쳐진 부분을 엄지와 인지로만 누르고 있지만 아코디언처럼 접혀 있기 때문에 모든 접촉부를 누르는 결과가 되어 마찰력이 대폭 커진다. 만약 6번 접었다면 단순히 손가락으로 한 부분만을 잡았을 때보다 마찰력이 6배가 되는 것이다.

1+1+1+1+1+1=6

응용

이 실험은 종이 물수건으로도 가능하다. 물수건이 없는 경우에는 손수건이나 식탁 위에 놓인 종이 냅킨으로도 할 수 있다. 천이나 종이 종류라면 어떤 것이라도 가능하다.

어휴! 마찰힘이 없었으면 큰일날 뻔했어

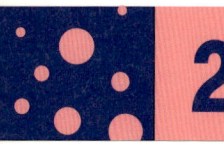

2 펴진 지폐 위에 동전 올려 놓기

반으로 접어 세운 지폐 위에 동전을 올려 놓은 다음 지폐를 펼쳐도 동전은 떨어지지 않는다. 종이 한 장 두께 위에 어떻게 동전을 올릴 수 있는 것일까?

마 술 실 험

❶ 지폐의 중심을 반으로 접어 그 각도를 직각으로 만든다. 이것을 테이블 위에 세워 직각이 된 부분에 동전을 올려 놓는다.

❷ 지폐의 양끝을 잡고 조심스럽게 양쪽으로 당긴다.

❸ 지폐를 당기면 동전이 약간 흔들리지만 지폐가 완전히 직선이 되어도 동전은 떨어지지 않는다.

✓ 왜 그럴까?

지폐를 잡아당겨 직선에 가까워지면 위에 올려진 동전도 약간 움직인다. 이 때 지폐와 동전 사이의 마찰 때문에 동전의 중심이 이동하게 되면서 정확하게 지폐 위에 동전의 중심이 위치하게 되어 항상 평형을 유지한다. 이 때문에 지폐가 일직선이 된 경우에도 동전의 중심은 그 일직선상에 있게 되는 것이다. 가능하면 새 지폐를 사용하여 동전을 올려 놓고, 잡아당길 때에는 천천히 조심스럽게 해야 한다.

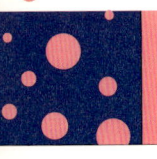

3 빨대 분무기

빨대의 길이를 2 : 1 정도의 비율로 끝을 약간 남기고 자른 다음 빨대의 긴 쪽을 불면 짧은 쪽의 아래에서 물이 올라와 안개처럼 뿌려진다.

완진히 자르지는 마세요

마 술 실 험

① 음료수를 주문하였을 때 나오는 빨대를 가위를 이용하여 2:1 정도의 비율로 자른다.

② 짧은 쪽을 물이 담긴 컵 속에 세우고 긴 쪽을 그것과 직각이 되게 하여 수면에 평행하게 놓는다.

③ 빨대의 긴 쪽을 힘껏 불면 그 앞에서 안개가 나오기 시작한다.
 ※ 음료수로는 하지 마세요.

✓ 왜 그럴까?

이 현상은 '베르누이 정리'와 관련 있다. 베르누이 정리는 간단하게 말하면 '기체의 흐름이 빠른 곳의 기압은 내려간다'는 것인데, 비행기가 날 수 있는 것도 같은 원리이다.

긴 쪽의 빨대를 강하게 불면 빨대 끝부분의 공기의 흐름이 매우 빨라져 그 부근의 기압이 내려간다. 이 때문에 짧은 빨대를 통해 물이 올라온다. 그것이 긴 빨대에서 부는 바람에 널리 흩어져 안개처럼 보이는 것이다.

응용

비행기가 하늘을 날 수 있는 비밀은 날개 단면 형태에 있다. 즉 위쪽과 아래쪽의 기압차를 이용해 날개를 위로 밀어 올리는 것이다.

─ TIP POINT ─

공기의 흐름이 빨라서 날개는 위쪽으로 힘을 받는다

작은 압력

큰 압력

공기의 흐름이 느리다

공기의 힘으로 무거운 비행기 날개를 들어올린다

4 빨대 안 대고 젓가락 돌리기

빨대를 문질러 발생하는 정전기는 수천 볼트나 된다. 나무젓가락이 이 정전기 때문에 끌어당겨져 회전한다.

마 술 실 험

① 나무젓가락 한 개를 받침대에 올려 놓는다. 간장병, 이쑤시개통, 설탕통 등 위 부분이 둥그런 모양으로 미끄러지는 것이라면 어느 것이라도 상관없다.

② 빨대를 종이 냅킨이나 화장지로 5, 6회 문지른다.

③ 빨대를 나무젓가락의 한쪽 끝에 가까이 하면 나무젓가락은 빨대에 끌어당겨진다. 빨대를 움직이면 빨대를 따라가듯이 나무젓가락이 회전한다.

✔ 왜 그럴까?

빨대를 종이 냅킨으로 문지르면 빨대에는 (−)전기가, 종이 냅킨에는 (+)전기가 발생한다. 이것은 원래 냅킨에 있던 전자가 빨대로 옮겨 가기 때문이다. 또한 나무젓가락(절연체)에 (−)전기를 띤 빨대를 가까이 하면 '유전 분극'이라는 현상에 의해 빨대에 가까이 있는 나무젓가락의 끝에는 (+)전기가 발생한다. 따라서 빨대를 나무젓가락에 가까이 하면 마이너스와 (+)전기가 서로 끌어당겨 빨대를 따라 나무젓가락도 회전하는 것이다. 또한 빨대를 종이 냅킨으로 문질러 발생하는 전기는 정전기라고 하는데 그 전압은 수천 볼트에 달한다. 겨울철에 옷을 입을 때 번쩍하고 정전기 때문에 불꽃이 튀는 것을 볼 수 있는데, 이것을 통해서도 정전기의 전압이 상당히 높다는 사실을 알 수 있다.

그건 정전기란 거야

앗! 옷에서 불꽃이?

5 포크로 컵 끝에 동전 세우기

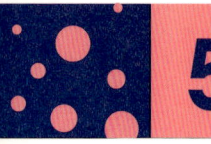

 **마 술 실 험**

① 포크의 네 개의 날 중간에 백 원짜리 동전을 끼우고 두 개의 포크를 동전에 고정한다. 그러면 동전이 받침점이 되어 균형이 잡힌다.

② 동전의 끝을 컵의 가장자리에 올려 놓고 그곳을 받침점으로 해서 양쪽의 균형이 잘 잡히도록 두 개의 포크를 움직여 조절한다.

✔ 왜 그럴까?

포크 두 개와 동전으로 컵 끝에 동전을 세우려면 포크와 동전의 무게중심이 받침점(동전과 컵이 맞닿아 있는 점)에서 수직으로 내린 선상에 있어야 한다. 포크와 동전이 기울어져 중심이 이 선상에서 벗어나도 결국 받침점의 바로 아래에 중심이 오도록 움직인다.

응용

컵에 물을 부어 동전을 컵의 가장자리에 올린 상태에서 물을 마셔 보는 것도 효과적인 실험이다.

TIP POINT

균형이 중요한 모빌

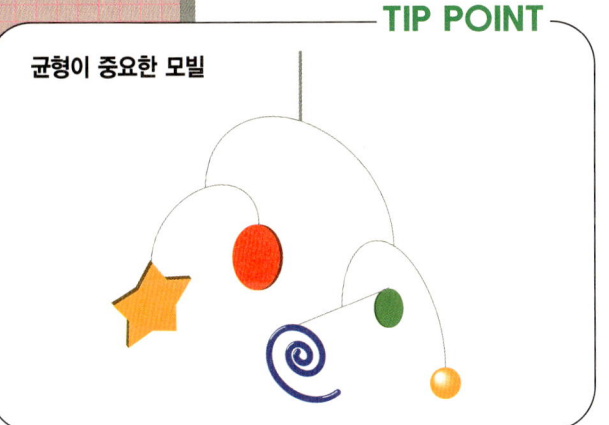

6 쏟아지지 않는 물컵

무거운 물이 공중에 떠 있는 것처럼 보이면 아이들은 와우!

마 술 실 험

① 신문에 끼여 오는 광고지같이
표면이 매끄럽고 조금 빳빳한 종이를
입구보다 약간 크게 손으로 잘라 물이
가득 들어 있는 컵 위에 덮는다.

② 종이를 손으로 누르면서 천천히
컵을 뒤집은 다음 손을 뗀다. 그러면
물이 아래로 쏟아지지 않는다.

　※ 실패할지도 모르니 만일을 대비해
　빈 접시 위에서 실험을 하십시오.

✓ 왜 그럴까?

물이 흘러내리지 않는 것은 대기압 및 물과 컵의 표면 장력 때문이다. 물방울이 맺히거나 컵에 물을 가득 부어 표면을 볼록하게 만들 수 있는 것도 모두 표면 장력 때문이다. 또한 컵에 물을 반쯤 붓고 옆에서 보면 물이 컵과 맞닿는 부분이 약간 올라가는 것도 역시 표면 장력에 의한 현상이다. 물은 액체라 형태가 쉽게 변하기 때문에 종이가 없으면 대기압이 균등하게 작용하지 않지만, 종이로 덮었기 때문에 대기압이 균일하게 작용한다. 종이로 막힌 곳으로 물이 새어 나오지 않게 하는 힘이 표면 장력이고 물이 쏟아지지 못하게 하는 힘이 대기압이다.

📎 응용

받침 접시를 이용하는 것이 신문 광고지보다 좋다. 컵이 작으면 전화 카드를 사용할 수도 있다. 또한 물 속에 얼음이, 심지어 금붕어가 있어도 상관없다. 얼음은 물보다 가볍기 때문이다. 물은 컵의 절반 정도만 있어도 가능하다. 이 때 뒤집은 컵 위 부분에 부분 진공이 만들어져 오히려 공중에 떠 있는 느낌이 더 강하게 들지도 모른다.

TIP POINT1

대기압은 곧 공기의 무게

7 물 위에 물 쌓기

물이 담긴 컵 위에 물이 담긴 또 다른 컵을 거꾸로 올려 놓는다.

마술 실험

① 같은 컵 두 개에 물을 가득
담는다.

② 한쪽을 앞의 '6. 쏟아지지 않는
물컵'에서 했던 대로 종이를 덮어 거꾸로
뒤집은 다음 다른 한쪽에 올려 놓는다.

③ 두 개의 컵을 단단하게 누르면서
조심스럽게 중간의 종이를 잡아당긴다
(두 개의 컵이 어긋나면 실험은 실패한다).
컵과 컵 사이로 물이 새어 나오지
않는다.

　※ 반드시 빈 접시 위에서
　　실험하세요. 실험 후 정리도
　　잊지 마세요.

✓왜 그럴까?

두 개의 컵 사이에는 약간의 틈이 있지만 물의 표면 장력 때문에 이 틈이 메워지고, 바깥쪽에서는 대기압이 누르고 있기 때문에 물이 흘러내리지 않는다.

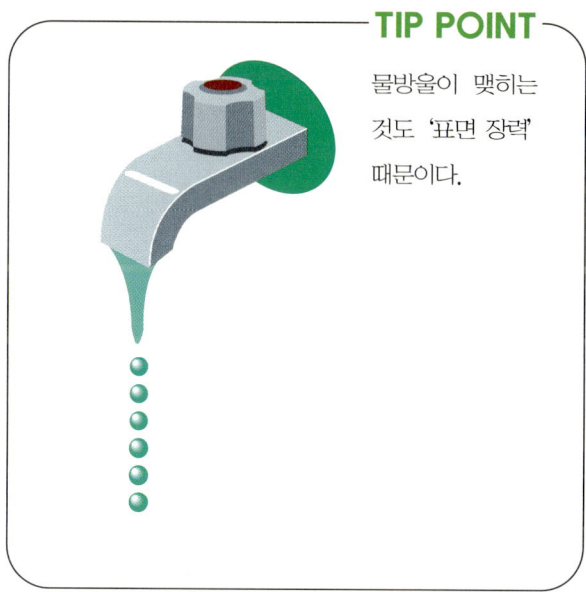

TIP POINT

물방울이 맺히는 것도 '표면 장력' 때문이다.

8 사이다 안 넘치게 따르기

사이다를 주문해 컵 속에 완전히 거꾸로 세워 따라도 중간에 반드시 멈춘다.

마술실험

❶ 빈 컵 속에 사이다병을 거꾸로 세워 사이다를 따른다. 이 때 병의 끝이 컵의 중간에 오도록 한다.

❷ 거품이 올라와 한순간 넘쳐흐르게 되면 아이는 초조해하지만 반드시 딱 멈춘다.

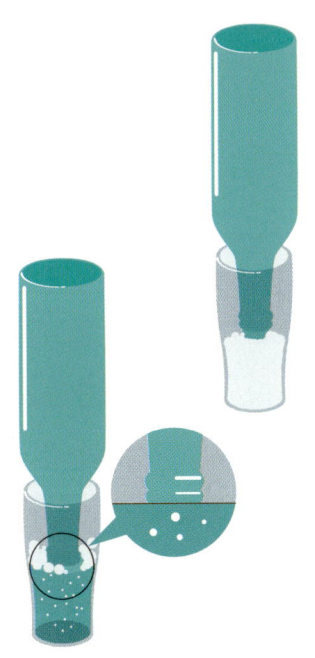

─ TIP POINT ─

이 원리는 새가 물을 마시는 그릇 등에 응용되고 있다. 그림과 같이 깊은 접시에 지우개를 두 개 나란히 놓고 지우개의 위 부분까지 물을 채운다. 그 위에 물을 넣은 페트병을 입구가 아래로 오도록 조심스럽게 놓는다. 물은 전혀 흘러내리지 않지만 접시의 물을 퍼내면 그만큼 페트병의 물이 흘러나온다.

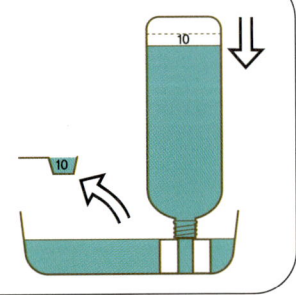

✓ 왜 그럴까?

이것도 대기압 때문이다. 대기압이 컵의 수면에 작용하여 병 속에 남은 사이다의 무게 및 병 속 공기의 압력과 균형을 이루기 때문이다. 이것은 대기압을 처음으로 정확하게 측정한 토리첼리의 실험과 유사한 것이다. 토리첼리는 액체 상태의 금속인 수은을 이용하여 대기압이 약 760mmHg라는 것을 밝혔다. 이것이 의미하는 바는 대기압의 크기가 76센티미터 높이의 수은주 무게와 맞먹는다는 것이다. 이것은 대략 물기둥 10미터 높이에 해당한다. 잠수할 때 대략 10미터 바다 속으로 내려가면 기압이 두 배가 된다는 말을 들어 보았을 것이다.

진공

76cm

토리첼리의 실험

수은

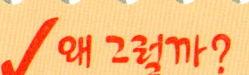

응용

'그랑부루'란 영화를 보면 수영장에 들어가 샴페인을 마시는 장면이 나오는데, 이것은 수압 때문에 쉽게 할 수 없는 일이다. 하지만 샴페인은 탄산가스의 압력 때문에 다른 술에 비해 물 속에서 비교적 쉽게 마실 수 있다.

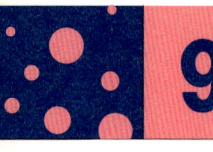

9 내 운동 신경은?

떨어지는 것은 보이지만 99%는 떨어지는 지폐를 손가락으로 잡을 수 없다.

마술실험

① 아이에게 인지와 중지 두 손가락을 벌리게 한 다음 지폐의 중간쯤이 손가락 사이에 오게 한다.

② "잡으면 용돈으로 준다"고 선언한 다음 지폐를 떨어뜨린다.
  ※ 만약 실제로 잡으면 주어야 하겠지요. 약속을 잘 지키는 부모가 됩시다.

③ 하지만 속임수를 쓰지 않는 한 절대로 지폐를 손가락으로 잡을 수 없다.

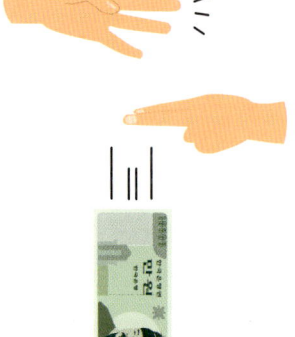

✓ 왜 그럴까?

눈으로 보고, 머리로 판단하고, 손가락으로 잡으라는 명령을 내릴 때까지 걸리는 시간을 '반응 시간'이라고 한다. 사람의 반응 시간은 평균 0.2초이다. 0.2초 사이에 물체의 자유 낙하 거리는 약 20cm이다. 따라서 이 상태로 길이 16cm의 지폐를 떨어뜨려 그것을 보고 손가락으로 잡으려고 하는 경우에는 이미 지폐의 끝

반응할 시간을 줘야지

은 12cm 아래에 있다. 그렇기 때문에 절대로 지폐를 잡을 수 없는 것이다. 메이저리그에서 활약하고 있는 박찬호 선수의 공을 타자들이 잘 치지 못하는 것도 거의 시속 160킬로미터에 달하는 그의 강속구에 타자들의 반응이 미처 따라가지 못하기 때문이다.

아이나 노인에게 교통 사고가 많은 것도 위험을 인지한 다음 피하려고 할 때까지의 반응 시간이 길기 때문이다

※ 아이들이 많이 있는 학교 주변에서는 차의 속도를 줄입시다!

Ⅱ 부엌에서 할 수 있는 과학 마술

부엌은 과학 실험 재료의 보물 창고.
물이 약간 튀어도 신경 쓸 필요가 없기 때문에 편리하다.
엄마와 함께 실험을 하기 때문에 가스불도 사용할 수 있다.
※ 그래도 불을 다룰 때에는 주의해야 합니다.
아이 얼굴에 뜨거운 물이 튀지 않도록 조심하세요.

10 고슴도치 비닐 봉지

비닐 봉지에 물을 담은 다음 끝이 뾰족한 연필을 몇 자루 꽂아도 물이 전혀 새지 않는다.

마 술 실 험

① 슈퍼마켓에서 얻어 온
비닐 봉지에 물을 담는다.

② 끝이 뾰족한 연필을 꽂는다.
한 개, 두 개, 세 개를 꽂아도
물은 새어 나오지 않는다.

✔ 왜 그럴까?

비닐의 분자는 열을 가하면 수축하는 성질을 가지고 있다. 그래서 봉지에 연
필을 힘 있게 꽂았을 때 발생하는 마찰열에 의해 분자들이 서로 잡아당겨
수축하기 때문에 연필에 달라붙어 물이 새지 않는 것이다. 한계령 같은 긴
내리막길을 자동차로 내려갈 때 계속해서 브레이크를 밟으면 패드와 디스크
가 가열되어 브레이크가 작동하지 않는 베이퍼 록 현상이 일어나는데 이것
도 마찰열 때문이다.

응용

오징어 등껍질은 가열하면 몸통보다 더
잘 수축하기 때문에 구우면 등쪽으로 돌
돌 말린다.

오징어를 구우면 오므라든다

11 빨대로 물을 구부린다

수도꼭지에서 가늘게 흐르고 있는 물에 종이로 문지른 빨대를 가까이
대면 물줄기가 빨대 쪽으로 휘어져 흐른다.

마술실험

1 수도꼭지를 조절하여 물이
가능한 가늘게 흐르도록 한다.

2 빨대를 화장지로 여러 번
문지른다.

3 빨대를 물줄기에 가까이 대면
물줄기는 빨대에 끌어당겨져
휘어진다.

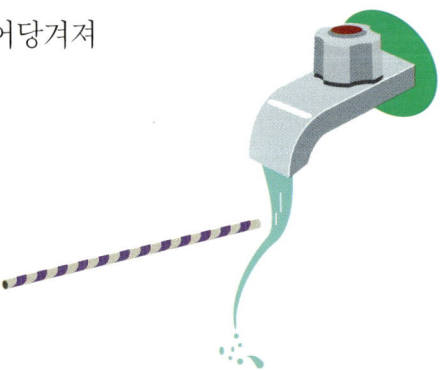

✓ 왜 그럴까?

빨대를 화장지로 문지르면 빨대에는 전압이 높은 (−)정전기가 발생한다. 물 분자는 수소 두 개와 산소 한 개로 이루어져 있는데 수소는 (+)전하를, 산소는 (−)전하를 띠고 있다. 그래서 약간이지만 하나의 분자 속에 전기적인 치우침이 있다. 이것을 '쌍극자'라 부른다. 이 때문에 빨대를 물줄기에 가까이 대면 빨대의 (−)전하에 물 분자의 (+)부분이 끌어당겨져 빨대가 있는 쪽으로 물줄기가 휘는 것이다.

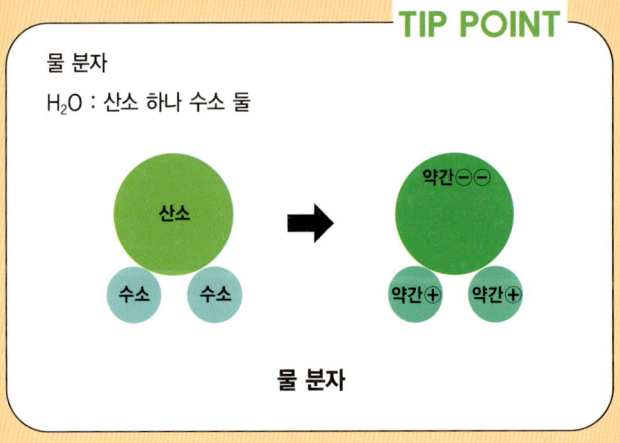

물 분자

H$_2$O : 산소 하나 수소 둘

산소

수소   수소

약간 (−)(−)

약간 (+)   약간 (+)

물 분자

12 힌두 마술! 쌀병 매달기

쌀이 담긴 무거운 병 속에 나무젓가락을 꽂은 다음 끌어당기면 병이 들어올려진다.

 마 술 실 험

① 주스병같이 입구가 약간 오므라진 병 속에 쌀을 가득 담는다.

② 그 속에 나무젓가락을 깊게 꽂고 주변의 쌀을 단단하게 눌러 다진다.

③ 나무젓가락을 잡고 들어올리면 나무젓가락은 빠지지 않고 쌀이 든 무거운 병을 들어올릴 수 있다.
　※ 안전을 위해 밑에 수건을 깔고
　실험해 주세요.

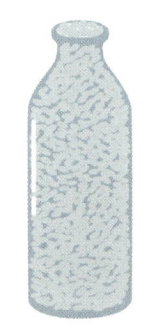

✔ 왜 그럴까?

쌀은 하나하나 흩어져 있지만 병 속에 단단하게 눌려 있기 때문에 나무젓가락과 쌀 사이에는 생각보다 큰 마찰력이 작용한다. 따라서 나무젓가락이 빠지지 않고 쌀이 채워진 무거운 병을 들어올릴 수 있는 것이다. 병 속에 있는 쌀들이 대략 비슷한 압력을 받고 있다고 가정하면 나무젓가락과 접촉하는 쌀의 개수가 많을수록 마찰력은 더 커진다. 이것은 '1. 떨어지지 않는 물수건' 의 원리와 비슷하다.

13 타지 않는 종이컵

종이는 잘 타는 물질의 대표적인 예이다. 그런데 종이컵에 물을 넣으면
가스불로 가열해도 타지 않는다.

마 술 실 험

① 종이컵 위쪽에 긴 젓가락으로
구멍을 뚫어 손잡이를 만든다.
나무젓가락은 타기 쉽기 때문에
되도록 금속으로 된 젓가락을
사용하는 것이 좋다.

② 종이컵에 물을 절반 가량 붓는다.

③ 가스 레인지를 켜 가스불이
종이컵에 닿게 한다.
그러나 전혀 타지 않는다.
   ※ 아이가 얼굴을 너무 불에
   가까이 하지 않도록 주의하세요.

✔ 왜 그럴까?

종이는 수백℃의 인화점까지 온도가 상승하지 않으면 타지 않는다. 물은 열용량이 크기 때문에 가스불의 열량을 점차 흡수해 버리고, 동시에 물의 온도는 100℃를 넘지 않는다. 그래서 종이가 타지 않는 것이다. 발화점(또는 발화 온도)이란 것은 불이 붙기 시작하는 온도를 말하는데, 종이, 나무, 담배 등은 대략 500~800℃에 이른다. 휘발유는 인화점이 −17℃로 매우 낮기 때문에 한겨울에도 자동차 시동을 걸 수 있다.

※ 주유소에 들어갈 때는 반드시 담뱃불을 끕시다!

TIP POINT

물을 넣은 주전자는 이상이 없지만 빈 주전자는 계속 가열하면 벌겋게 달아 오른다.

14 페트병 속의 토네이도

**페트병을 거꾸로 들기만 해서는 병 속의 물이 좀처럼 나오지 않는다.
그런데 병 속에 소용돌이를 만들면 물이 순식간에 힘차게 나온다.**

 마 술 실 험

1 1.5리터짜리 큰 플라스틱 음료수 병에 물을 가득 담는다.

2 물을 빼내기 위해 우선 거꾸로 들고 물이 나오게 해본다. 물이 전부 나올 때까지 30초 이상 걸린다.

3 이번에는 물을 가득 채워 거꾸로 든 다음 병을 회전시켜 중앙에 소용돌이를 만든다. 그러면 물은 힘 있게 순식간에 전부 나와 버린다.

✔ 왜 그럴까?

힘 있게 흐르는 물의 모습을 관찰해 보면 그 해답을 얻을 수 있다. 물병을 돌리지 않은 상태에서는 물이 나온 부분에 공기가 잘 들어가지 않아 부분 진공 상태가 되어 물이 밖으로 나오는 것을 방해한다(물이 나온 부분으로 공기가 들어가야 하기 때문에 물이 콸콸거리며 나온다). 반면에 물병을 돌려 주면 그 중심이 비게 되어 병 아래의 공기가 병 내부로 쉽게 흘러 들어가 그 공기의 압력에 의해 힘차게 물이 쏟아져 나온다. 병 속의 소용돌이는 '토네이도'를 닮았다. 날달걀을 먹을 때 입을 대고 먹는 쪽의 반대쪽에 공기 구멍을 뚫어 주는 것도 같은 원리이다.

응용

병 입구를 테이프로 덮은 다음 지름 1cm 정도의 작은 구멍을 뚫어 같은 실험을 해 보면 좀더 확실하게 토네이도 효과를 확인할 수 있다.

15 쇠그릇 속의 물보라

큰 금속 그릇에 물을 가득 담은 다음 그 가장자리를 양손으로 쓱쓱 문지르거나 탁탁 치면 항상 같은 네 곳에서 물보라가 올라온다.

마술실험

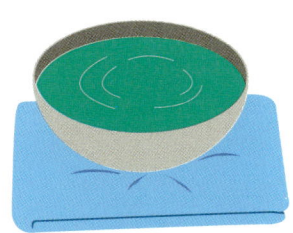

1 큰 금속 그릇에 물을 가득 담은 다음 젖은 행주 위에 놓고 고정시킨다.

2 비누로 손을 잘 씻어 미끄럽지 않게 한 다음 양 손바닥으로 그릇의 가장자리를 문지른다.

3 그릇의 네 곳에서 물보라가 올라온다.

✓ 왜 그럴까?

양손으로 문질렀을 때 금속 그릇의 진동은 규칙적이며, 그 규칙적인 진동에 의해 금속 그릇 자체가 공명 현상을 일으켜 공명점이 있는 네 곳이 일그러진다. 그러면 네 곳의 물이 진동을 받아 물도 공명하게 되어 물보라가 올라오는 것이다. 네 곳의 공명점은 금속 그릇에만 나타나는 특유한 현상으로 항상 그곳에서만 물보라가 올라온다.

응용

만일 중국 냄비가 있다면 그 손잡이를 문질러 보자. 똑같은 현상이 일어날 것이다.

16 물줄기에 갇힌 빛줄기

직선으로 뻗어 나가는 빛이 물줄기를 따라 포물선을 그리면서 굴절하여 진행한다.

마 술 실 험

① 플라스틱 음료수 병의 바닥에서 5cm 떨어진 곳에 구멍을 뚫는다. 구멍을 손가락으로 막고 물을 가득 채운 다음 뚜껑을 닫는다. 이렇게 하면 손가락을 떼어도 물이 새지 않는다.

② 손전등을 준비한 다음 불을 꺼서 방 안을 어둡게 한다. 그리고 손전등을 손으로 가려 빛을 가늘게 한다.

3 병 뚜껑을 열어 구멍에서
물이 포물선을 그리며
힘차게 나오게 하면서
뒤에서 손전등으로
빛을 쪼인다.
그러면 빛은 물줄기를
따라 굴절하여 진행하고
물의 착지점이 밝게 빛난다.

✓ 왜 그럴까?

왜 빛 일부가 직선으로 진행하지 않고 물과 함께 굴절하여 진행하는 것일
까?(일부는 그대로 직진한다.) 그것은 전반사라는 현상 때문이다. 빛은 전
반사를 반복하면서 물 속을 진행하기 때문에 물의 흐름에 따라 굴절하여 포
물선을 그리는 것이다. 전반사는 최근 첨단 통신으로 각광받고 있는 광통신
에 이용되고 있다. 그림과 같이 빛은 굴절률이 높은 매질에서 낮은 매질로
나가지 않고 전반사하면서 유리 섬유를 통과한다.

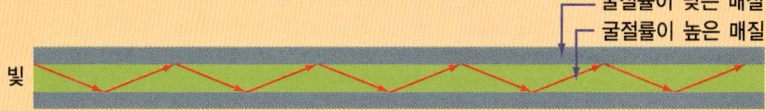

굴절률이 낮은 매질
굴절률이 높은 매질
빛

17 푸른 하늘, 붉은 노을

비가 오면 백화점 입구에는 가늘고 긴 우산용 비닐 봉지가 놓여 있다.
이 봉지에 물을 가득 담아 손전등을 비추면 붉은색과 푸른색 빛이 보
인다.

 마 술 실 험

❶ 우산을 넣는 가늘고 긴
비닐 봉지에 우유를 몇 방울
떨어뜨린 다음 물을 가득
담아 입구를 묶는다.

❷ 물이 담긴 비닐 봉지를 가로로
눕힌 다음 방의 불을 끄고 한쪽에서
손전등 빛을 비춘다.
이 때 앞의 '16. 물줄기에 갇힌
빛줄기'에서 했던 요령대로 빛을
가늘게 한다.

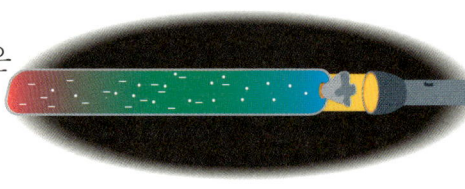

❸ 잘 보면 손전등에 가까운 쪽은
파랗게, 먼 쪽은 붉게 보인다.

손전등의 빛은 붉은색과 파란색 등 여러 가지 빛으로 이루어져 있다. 빛은 공기 중의 미립자에 의해 반사되지만 파장이 긴 붉은 빛은 산란되기 어렵고 파장이 짧은 푸른빛은 산란이 잘된다. 즉 파장이 짧을수록 산란이 잘된다. 따라서 손전등에 가까운 쪽에서는 푸른빛이 산란되어 보이고, 붉은 빛은 산란되지 않고 봉지의 다른 한쪽 끝까지 미치는 것이다. 미립자 역할을 하는 것이 우유의 입자이다. 이것은 푸른 하늘과 저녁 노을의 원리와 같다.

노을은 빛이 산란되기 때문이야

18 공중에 뜬 밥그릇

위쪽 그릇을 들면 아래쪽 그릇이 떨어지지 않고 공중에 떠 있다.

마 술 실 험

① 국그릇, 밥그릇 등 크기와 모양이 같은 그릇 두 개를 준비하여 한쪽 그릇에 20cm×20cm 정도 크기의 신문지 네 겹을 물에 적셔 덮는다.

② 다른 그릇에 뜨거운 물을 절반 정도 담았다가 그 물을 버린 다음 그릇이 식기 전에 재빨리 신문지 위로 올리고, 아래의 그릇과 입구를 맞춘다.
  ※ 데지 않게 조심하세요!

3 1분 정도 두었다가 위쪽 그릇을 들어올리면 아래의 그릇이 떨어지지 않고 함께 들어올려진다.

※ 만일을 위해 밑에 수건을 깔아 두세요.

✔ 왜 그럴까?

뜨거운 물을 담았다가 버린 그릇에는 수증기가 가득 차 공기가 별로 없다. 그 상태에서 밀폐하여 식히면 수증기가 응결하여 물이 되고 이 때 그릇 속의 압력이 내려간다. 그 때문에 대기의 압력에 의해 두 개의 그릇은 강하게 압축되어 떨어지지 않게 된다. 만일 양쪽 그릇 모두에 뜨거운 물을 담았다가 버린 다음 이 실험을 해보면 두 개의 그릇은 더욱 단단하게 붙을 것이다. 식당에서 그릇 뚜껑이 열리지 않아 곤란을 겪는 경우도 마찬가지 원리 때문이다. 이 때는 그릇의 가장자리를 돌려 공기를 넣어 주거나, 따뜻한 물에 넣어 그릇을 가열해 주면 된다.

TIP POINT

19 알루미늄 캔 찌그러뜨리기

알루미늄 캔에 열을 가한 다음 물로 식히는 것만으로도 큰 소리가 나면서 알루미늄 캔이 납작하게 찌그러진다.

마술실험

1 맥주 캔 등 알루미늄으로 된 빈 캔에 물을 조금 넣은 다음 캔의 마개 부분에 나무젓가락을 한 개 끼워 손잡이로 쓴다.

2 가스불로 10~20초 정도 알루미늄 캔을 가열한다. 이윽고 물이 끓어 뜨거운 증기가 올라온다.
　※ 뜨거운 물이 튀는 것에
　　주의하세요!

3 그 상태에서 미리 물을 채워 둔 세숫대야 속에 캔을 거꾸로 담그면 큰 소리를 내면서 알루미늄 캔이 납작하게 찌그러진다.

✓ 왜 그럴까?

원리는 앞의 '18. 떨어지지 않는 밥그릇'과 동일하다. 즉 가열하면 기체의 부피가 팽창하고 냉각하면 줄어든다. 알루미늄 캔에 열을 가하면 물이 끓어 발생한 수증기가 안의 공기를 캔 밖으로 밀어낸다. 캔을 식히면 수증기가 물로 변하여 부피가 감소하기 때문에 캔 속은 진공에 가까워진다. 이 때 캔은 외부의 대기압에 눌려 찌그러지는 것이다.

응용

플라스틱으로 된 음료수 병도 찌그러뜨릴 수 있다. 음료수 병에 뜨거운 물을 넣고 잘 흔든 다음 뜨거운 물을 버리고 '뚜껑을 닫아' 물 속에 담그면 찌그러진다. 물에 담그지 않고 그냥 상온에 두어도 찌그러진다.

20 페트병 분수

3/4 정도 물을 넣은 페트병에 두 개의 빨대를 꽂은 다음 한쪽을 불면 물이 힘차게 올라온다.

마술실험

① 페트병에 3/4 정도 물을 넣은 다음 한 개의 빨대를 물 속에 꽂고, 다른 한 개(구부러지는 것)는 물에 닿지 않게 꽂는다.

② 페트병 입구를 물에 적신 화장지로 빈틈없이 막아 두 개의 빨대를 고정함과 동시에 페트병을 밀폐한다.

③ 물에 닿지 않은 쪽의 빨대를 세게 불면 다른 쪽 빨대에서 물이 올라와 분수가 된다.

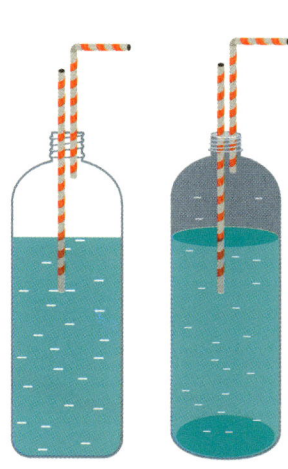

✔왜 그럴까?

한쪽 빨대를 강하게 불면 페트병 속의 공기 압력이 강해져 수면을 누르게
되고 그 힘에 의해 물이 빨대를 통하여 분출하기 때문에 분수가 된다.
그러면 빨대를 통해 공기를 빨아들이면 어떻게 될까? 그때는 페트병 속의
공기의 압력이 낮아져 외부의 공기가 빨대를 통하여 물 속으로 들어가 물에
서 보글보글 거품이 일어난다.

21 사우나 달걀

보통 '반숙'이라고 하면 흰자는 완전히 익고 노른자는 덜 익은 상태를 가리키는데, 이것과 전혀 반대로 달걀을 삶을 수 있다.

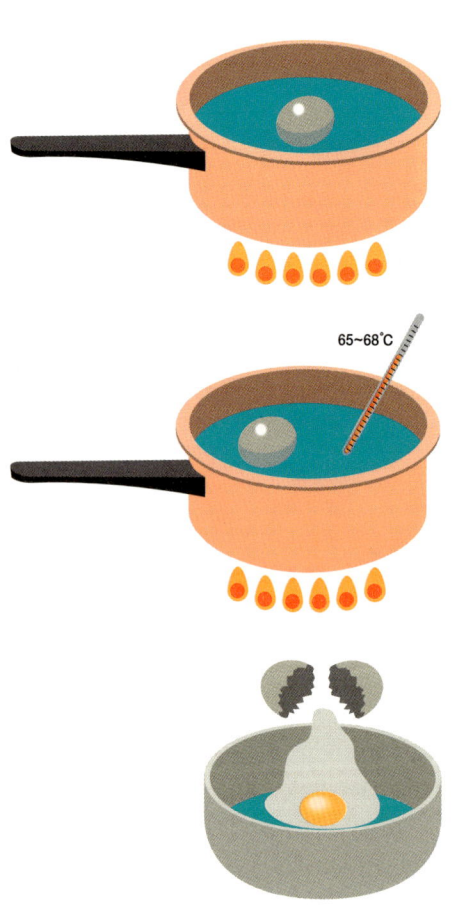

65~68℃

마술실험

1 달걀이 물에 잠길 정도로 냄비에 물을 붓고 열을 가한다.

2 온도가 올라가면 불을 조절하여 물의 온도가 항상 65~68℃가 되도록 유지한다.

3 65~68℃를 유지하면서 30분 정도 삶으면 보통의 경우와는 달리 노른자는 완전히 익고, 흰자는 덜 익은 삶은 달걀이 만들어진다 (국물을 준비하여 거기에 깨뜨려 먹으면 좋을 것이다).

✓ 왜 그럴까?

달걀의 성분인 단백질은 열을 가하면 굳지만 흰자와 노른자의 단백질은 굳는 온도가 다르다. 흰자는 70℃ 이상에서 굳어지기 시작하여 80℃ 이상에서 완전히 응고한다. 노른자는 65~68℃ 정도에서도 응고한다. 즉 흰자가 응고하기 시작하는 70℃보다 낮고, 노른자가 응고하는 65℃보다 높은 온도를 유지하면 '역반숙' 달걀을 만들 수 있는 것이다. 보통의 반숙은 흰자를 통해 노른자까지 열이 충분히 전달되기 전에 달걀을 꺼낸 것이다. 즉 흰자가 있는 부분은 끓는 물 때문에 80℃ 이상으로 온도가 올라가지만, 흰자가 일종의 절연체 역할을 하여 열이 중심부의 노른자까지 잘 전달되지 않기 때문인 것이다. 따라서 역반숙 달걀은 65~68℃의 온도를 유지하면서 충분히 오래 삶아야 한다.

수온 65℃ 정도의 온천수로 '역반숙' 달걀을 만든 것이 사우나 달걀인데 온천의 명물이다.

22 말랑말랑한 슈퍼 달걀

사흘 동안 식초에 담가 두기만 하면 달걀 껍질이 말랑말랑해지고 크기도 1.5배 정도 커진다.

 마 술 실 험

1 큰 컵에 날달걀을 넣은 다음 달걀이 잠길 정도로 식초를 충분히 붓는다.

2 달걀에서는 거품이 일고 시간이 지날수록 부풀어오르는데, 사흘 정도 그대로 놓아둔다.

3 흰 껍질은 완전히 없어지고 반투명의 막으로 덮인 원래보다 1.5배 정도 크기로 부풀어오른 말랑말랑한 달걀이 된다.

✓왜 그럴까?

우선 달걀 껍질이 없어지는 것은 껍질이 식초의 성분인 아세트산에 반응하여 녹아 버리기 때문이다. 달걀 껍질은 탄산칼슘으로 이루어져 있는데 식초에 담갔을 때 달걀에서 나오는 거품은 그때의 반응으로 발생하는 이산화탄소이다.

또한 1.5배 정도의 크기로 변하는 것은 '삼투압' 때문이다. 이것은 '농도가 다른 액체가 반투막을 경계로 접촉하였을 때 같은 농도가 되려고 하는 힘'을 말한다. 식물의 뿌리에 물이 흡수되는 원리도 이 삼투압 때문이다. 우리 몸의 세포를 둘러싸고 있는 체액도 농도가 항상 세포 내의 농도와 같게 유지되어야 한다. 달걀의 내부는 걸쭉하고 농도가 높기 때문에 그것을 묽게 하기 위해 껍질이 용해된 후 반투막을 통하여 수분이 이동한 것이다.

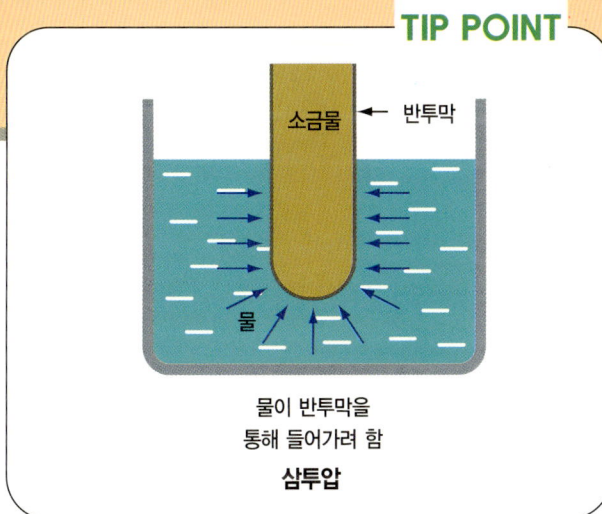

TIP POINT

소금물 ← 반투막

물

물이 반투막을
통해 들어가려 함

삼투압

목욕탕에서 할 수 있는 과학 마술

목욕탕은 아이와 대화할 수 있는 절호의 장소이다.
여기서 제공하는 과학 마술을 보여 주면
아이가 "이제는 아빠와 함께 목욕탕에 가기 싫어요" 하고
선언할 그날을 더 뒤로 미룰 수 있을지도 모른다.

23 고무 호스로 만든 '영구 기관'

아무런 힘을 가하지 않아도 자연스럽게 물을 퍼 올릴 수 있다. 영구 기관은 물리적으로 불가능한 것인데 어떻게 된 일일까?

마술 실험

1 1미터 정도의 고무 호스를 준비한다.

2 한쪽 끝은 탕 속에 담그고, 입으로 다른 한쪽을 빨아들인다. 물이 입까지 오면 입을 떼고 엄지손가락으로 끝을 눌러 물이 되돌아가지 않게 한다.

3 엄지손가락으로 누른 쪽의 끝을 '수면보다 낮게' 하여 아래로 내린 다음 엄지손가락을 놓으면 아무런 힘도 가하지 않았는데 계속 물이 나온다.

✔ 왜 그럴까?

호스의 한쪽에서 물이 나오면 그 부피만큼 진공이 되는 셈인데, 이 때 수면
을 누르는 대기압에 의해 호스 안으로 물이 올라와 밖으로 나오는 것이다.
제일 처음 물이 나오기 시작하는 것은 물의 무게 때문이다. 고무 호스 안의
물을 하나의 물체로 보고 호스의 끝을 수면보다 아래에 오게 하면 물의 중
심의 위치는 호스의 가장 높은 지점보다 바깥쪽이 되어 손가락을 놓으면 물
이 흘러내리는 것이다.

24 샴푸 모터로 가는 보트

샴푸를 묻히기만 했는데 이쑤시개가 욕탕의 물 위를 씽씽 달린다.

마 술 실 험

① 이쑤시개의 뭉툭한 쪽에 샴푸를 묻힌다.

② 이것을 조심스럽게 탕 속에 놓으면 샴푸를 묻힌 쪽의 반대 방향으로 움직이기 시작한다.

✓ 왜 그럴까?

샴푸는 '계면 활성제'라는 성분을 포함하고 있다. 이것은 때를 없애는 역할을 하지만 동시에 물의 표면 장력을 약화시키는 기능도 한다. 따라서 샴푸를 묻힌 쪽은 샴푸가 녹아 물의 표면 장력이 약해지고, 이쑤시개는 앞쪽 물의 표면 장력에 의해 끌어당겨져 앞으로 나가게 되는 것이다.

그런데 이 실험을 한 번 하고 나면 물 표면 전체에 샴푸막이 생겨 전체적으로 표면 장력이 약해지기 때문에 계속해서 반복하는 것은 불가능하다. 하지만 탕의 물을 뒤섞어 주면 몇 번이라도 가능하다.

TIP POINT

이리 와! 영차영차

가든 말든 상관 안 해

25 네모난 비누 방울 만들기

털이 난 천으로 감싼 철사로 만든 육면체를 비눗물에 담갔다가 들어올리면 비누막이 매우 희한한 평면의 조합을 나타낸다.

 마 술 실 험

1 털이 난 천으로 감싼 철사로 육면체를 만든다.

※ 들기 쉽도록 손잡이를 만드는 것이 좋다.

2 비누와 샴푸를 뜨거운 물에 녹여 비눗물을 만든다.

3 육면체를 비눗물에 담갔다가 들어올리면 이상한 평면이 조합된 비눗물 막이 생긴다.

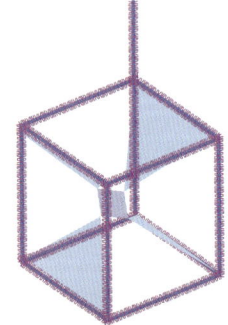

✓ 왜 그럴까?

이 비눗물 막은 입체의 형태가 같으면 여러 번 반복해도 똑같은 모양의 비눗물 막이 생긴다. 이것은 막이 생길 때 에너지가 가장 적게 들도록 하는 성질을 갖기 때문이다. 이 경우 에너지가 가장 적게 든다는 것은 바로 면적이 가장 작을 때이다. 육면체의 형태를 변화시키거나 다른 형태의 입체를 만들어 실험하면 다른 모양의 비눗물 막을 얻을 수 있다.

'에너지 최소의 상태가 가장 안정적이다'는 과학의 원리를 이 실험을 통해 눈으로 보고 배울 수 있다. 자연계의 가장 기본적인 법칙 중 하나가 바로 이 '최소 작용의 원리'인데, 이것은 에너지를 가장 적게 소비할 수 있는 방향으로 자연 현상이 진행된다는 것이다. 예를 들어 빛이 직진하는 것도 최소 작용의 원리 때문이다.

TIP POINT

최소 작용의 원리
"모로 가도 서울만 가면 된다"는 속담이
있지만 "곧바로 서울로 가는 것이 과학적!"

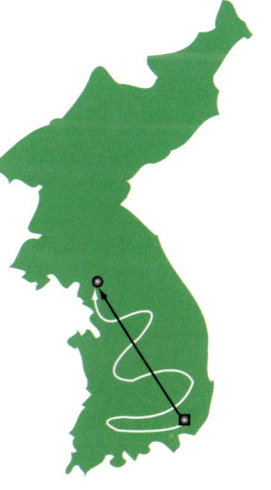

파인먼

칼럼 1

실험의 중요성을 설명한 아버지

양자 역학의 발전에 큰 공헌을 한 미국의 유명한 물리학자 파인먼이 어린 시절 장난감 차에 공을 올려 놓고 끈으로 잡아당기며 놀고 있었다.

그런데 이 놀이를 하다가 이상한 생각이 들었다. 장난감 차를 끌어당길 때 공이 앞으로 나가지 않고 뒤로 굴러 떨어졌다. 반대로 달리고 있는 장난감 차를 정지시키면 차 위의 공은 급하게 앞으로 구르는 것이었다.

어린 파인먼은 이러한 이상한 현상의 이유를 아버지에게 물어 보았다. 그러자 아버지는 다음과 같은 실험을 파인먼에게 하도록 했다.

우선 바닥 위에 1cm 간격으로 빨대를 1m 정도 나열한 다음 그 위에 우유팩을 반으로 잘라 앞쪽에 실을 매단 것을 놓는다. 팩 위에 유리구슬을 올려 놓고 팩의 끈을 당겨 달리게 하거나 달리고 있는 팩을 급하게 정지시켜 본다.

그러면 유리구슬은 어떤 움직임을 보일까?

어린 파인먼은 이러한 실험을 여러 가지로 해본 후 아버지에게 그 현상의 원리에 대해 물었다. 아버지는 유리구슬과 장난감 차의 운동의

상대성, 관성에 대해서도 생각하도록 권했다. 그러한 것을 골똘하게 생각함으로써 파인먼은 두 가지 사실을 배우게 되었다.

먼저 물질은 보는 사람에 따라 움직이고 있는 것으로 볼 수도 있고, 또는 정지하고 있는 것으로 볼 수도 있다는 것이다(운동의 상대성). 다음으로는 움직이고 있는 것은 계속해서 움직이려고 하고, 정지하고 있는 것은 힘을 가하지 않으면 움직이려고 하지 않는다는 것이다(관성의 법칙). 즉 '운동의 상대성'과 '관성'에 대해서 나름대로 통찰할 수 있었던 것이다. 이러한 교육 덕분에 파인먼은 과학의 모든 분야에 끊임없이 흥미를 갖게 되었고, 나중에 세계적인 과학자로 성장하였다.

그런데 당신의 자녀들도 장난감 차 위에 놓인 유리구슬의 이상한 움직임에 흥미를 보입니까?

운동의 상대성
파리가 나는 속도는 ?

저녁 식탁에서 할 수 있는 과학 마술

즐거운 식사를 마치고 식탁을
치운 다음 실험을 시작하자.
식탁 주변에서 흔하게 볼 수 있는
것으로 이러한 여러 가지 실험을
할 수 있다는 것에 놀랄 것이다.

26 주전자 매달기

아무리 보아도 떨어질 것 같지만 나무젓가락만으로 큰 주전자를 지탱할 수 있다.

마술실험

1 나무젓가락의 끝 부분에 고무줄을 감아 주전자의 손잡이 아래에 끼워 넣는다.

2 다른 나무젓가락은 절반 정도의 길이로 잘라 주전자 뚜껑 손잡이의 잘록한 부분에 끼워 넣어 주전자가 기울어지도록 조절한다.

3 식탁 끝에 나무젓가락을 놓으면 주전자는
식탁 아래 공간에 떠 있게 된다.
  ※ 주전자의 손잡이가 너무 가늘면
  잘 되지 않는다. 그 경우에는
  손잡이의 잘록한 부분이
  아니라 손잡이 부분
  전체와 뚜껑의
  경계에 나무젓가락을
  끼워 넣는다.

✔ 왜 그럴까?

이 주전자의 균형을 잘 보면 주전자의 손잡이 부분이 〈 모양으로 구부러져 있고 주전자 전체가 식탁의 내부 공간에 들어가 있다는 것을 알 수 있다. 그 것은 주전자의 중심이 나무젓가락의 받침점 바로 아래에 있기 때문이다. 나무젓가락과 접하는 손잡이 부분의 마찰력을 크게 하기 위해 사포를 붙여 두면 더욱 효과적이다.

27 사이다 화산 대폭발!

병에 든 사이다 속에 인스턴트 발포정 한 알을 떨어뜨리기만 해도 사이다의 분화가 일어난다. 이른바 사이다 화산 대폭발!

마술실험

❶ 콜라나 사이다 등 탄산 음료를 준비하여 마개를 딴다.

❷ 약국에서 파는 인스턴트 발포정 한 알을 병 속에 떨어뜨린다.

❸ 거품이 일어나고 조금 지나면 거품이 부글부글 넘친다.

※ 접시나 쟁반을 놓고 하세요.

✓ 왜 그럴까?

인스턴트 발포정에는 탄산수소나트륨이 포함되어 있다. 탄산수소나트륨이 사이다에 용해되면 많은 양의 이산화탄소가 발생한다. 그것이 사이다에 녹아 있는 이산화탄소와 함께 순간적으로 나오기 때문에 대분화가 일어나는 것이다.

응용

탄산수소나트륨은 밀가루를 부풀리는 데 사용하는 식용 소다이므로 갖고 있는 가정도 많을 것이다. 베이킹파우더에도 탄산수소나트륨이 들어 있다. 만일 탄산수소나트륨이 있으면 더욱 힘차게 대분화가 일어난다. 탄산수소나트륨을 작은 숟가락으로 한 숟가락 정도 병 속에 넣으면 된다.

28 물을 삼키는 컵

접시에 가득 있던 물이 컵 속으로 빨려 올라와 없어져 버린다.

 **마술 실험**

❶ 유리컵과 접시를 준비하여 접시 중앙에 양초를 고정시킨다.

❷ 접시에 물을 담고 양초에 불을 켠다.

❸ 양초에 컵을 덮어씌운다. 불이 서서히 꺼짐과 동시에 순식간에 접시의 물이 컵으로 빨려 올라와 사라져 버린다.

✓ 왜 그럴까?

양초가 켜 있는 주위의 공기는 양초가 타면서 내는 열로 데워져 팽창하는데 그곳을 컵으로 덮으면 컵 안에 갇힌 공기는 주변의 공기보다 압력이 낮아지게 된다. 다음으로 산소가 없어져 양초가 꺼지면 컵이 차가워져 컵 속의 공기 압력이 더 내려간다. 또한 연소로 만들어진 이산화탄소는 물에 녹기 때문에 부피가 감소하여 그것 때문에도 압력이 내려간다. 따라서 주변의 대기압에 의해 물이 컵 속으로 밀려 들어가는 것이다.

TIP POINT

대기압은 항상 우리 몸을 누르고 있다.
하지만 우리는 그것을 느끼지 못한다.

29 병 위의 동전이 소리를 낸다

병을 손바닥으로 쥐면 병 위의 동전이 덜그럭덜그럭 소리를 낸다.

마술 실험

❶ 빈 병을 냉장고에 한 시간 정도 넣었다가 꺼낸다. 얼음에 넣어 빨리 차갑게 해도 상관이 없다.

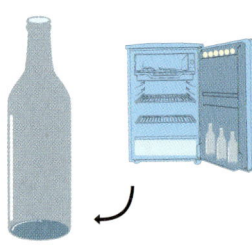

❷ 병 입구에 동전을 올려 떨어지지 않도록 스카치 테이프로 병 입구에 동전의 한쪽을 붙인다.

※ 병의 물기를 잘 닦아 내야 테이프가 잘 붙는다.

❸ 손바닥으로 병을 꼭 잡고 있으면 조금 지나 동전이 덜그럭덜그럭 하고 소리를 낸다.

따뜻한 손바닥으로 차가운 병을 잡으면 병 속의 공기가 열을 받아 팽창하여 병 바깥으로 달아나려고 한다. 그때 동전이 움직이려고 하지만 무겁기 때문에 아래로 떨어져 병을 두드린다. 이것이 반복되면서 덜그럭덜그럭 소리가 나는 것이다.

손은 가능한 따뜻하게 하는 것이 좋기 때문에 손바닥을 여러 번 부비거나 뜨거운 물에 담갔다가 병을 잡고, 동전도 물에 적셔 병과 잘 접촉하게 만들면 이 실험은 반드시 성공한다.

TIP POINT

나도 나가고
싶단 말이야!

30 동전 통과하는 유리구슬

뚜껑 대신 동전으로 입구를 막은 병 위에서 유리구슬을 떨어뜨리면 유리구슬은 동전을 빠져 나가 바닥에 떨어진다.

 **마 술 실 험**

❶ 유리구슬과 그 구슬이 통과할 정도 크기의 입구를 가지고 있는 유리병을 준비하여 동전으로 뚜껑을 덮는다.

❷ A4 크기 정도의 종이 한 장을 세로로 말아 테이프로 고정하여 통을 만든다. 이것을 병 위에 씌운 다음 위에서 유리구슬을 떨어뜨린다.

❸ 동전 뚜껑이 있는데도 유리구슬은 병 입구를 미끄러지듯이 빠져 나가 아래로 떨어진다.

✔ 왜 그럴까?

유리구슬이 동전과 충돌하면 동전은 유리구슬에 비해 가볍기 때문에 단단한 유리병과의 충돌로 유리구슬보다 높이 튀어 오른다. 그때 유리구슬은 미끄러지듯 빠져나가 병 속으로 떨어지고, 동전은 다시 원래 위치로 돌아온다. 이 실험은 통이 길수록 좋다. 그 이유는 통이 길수록 동전까지의 거리도 길어져 유리구슬의 위치 에너지가 커지고 결과적으로 동전과 부딪힐 때 유리구슬의 운동 에너지가 증가하기 때문이다. 페트병은 유리구슬이 동전에 닿았을 때의 충격이 약하기 때문에 잘 되지 않는다. 따라서 병은 유리병을 준비하는 것이 좋다.

TIP POINT

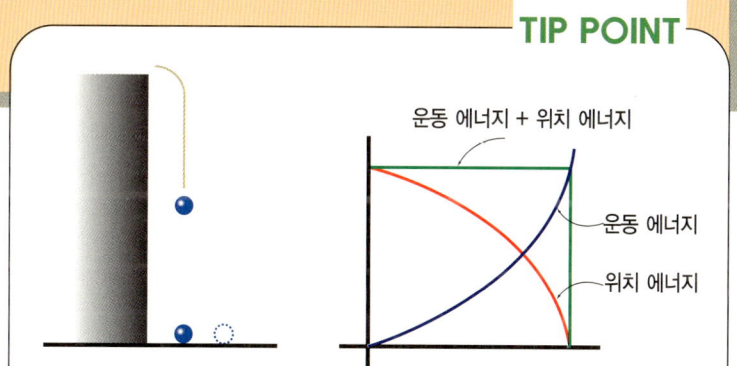

운동 에너지 + 위치 에너지

운동 에너지

위치 에너지

운동 에너지와 위치 에너지

31 알루미늄 캔과 함께 춤을

크게 분 고무풍선의 뒤를 쫓아 알루미늄 캔이 데굴데굴 굴러간다.

 **마 술 실 험**

1 빈 알루미늄 캔을 바닥 위에
놓는다.

2 고무풍선을 불어 입구를 묶은
다음 화장지로 문지른다.

3 풍선을 알루미늄 캔 가까운
곳에서 움직이면 풍선을 따라
알루미늄 캔이 굴러간다.

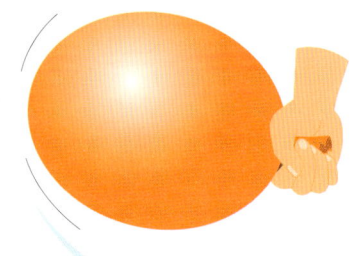

✓ 왜 그럴까?

고무풍선을 화장지로 문지르면 풍선은 수천 볼트의 높은 전압을 가진 마이너스 정전기를 띠게 된다. 알루미늄 캔은 금속이기 때문에 높은 전압을 띤 풍선을 가까이 대면 '정전 유도' 현상에 의해 알루미늄 캔 속의 전자가 힘을 받아 움직이고 캔의 한쪽 끝이 플러스 전기를 띠어 풍선과 서로 끌어당기는 힘이 발생한다. 이 때문에 알루미늄 캔은 풍선을 따라 데굴데굴 굴러가는 것이다.

응용

고무풍선 대신 플라스틱 책받침이나 비닐 봉지로도 가능하다. 마찬가지로 화장지로 문지르면 된다. 그리고 힘은 약하지만 빨대로도 가능하다.

TIP POINT

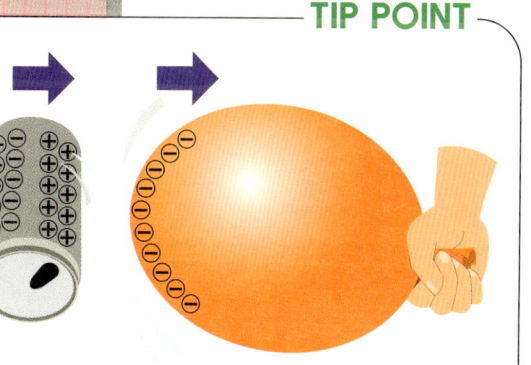

32 스파크 알루미늄 캔

알루미늄 캔에 랩을 감싼 다음 그것을 벗기고 손가락을 가까이 대면 불꽃이 튄다.

마술실험

1 빈 알루미늄 캔의 위 부분에 테이프로 빨대를 붙인다. 이 빨대는 직접 알루미늄 캔에 접촉하지 않도록 하기 위한 손잡이 역할을 한다.

2 알루미늄 캔을 돌리면서 랩을 감싼 다음 빨대를 잡고 캔을 공중에 든 채로 랩을 벗겨 낸다.

3 알루미늄 캔에 손가락을 가까이 댄다. 그러면 알루미늄 캔과 손가락 사이에 불꽃이 튀어 약간의 충격을 받는다.

✓ 왜 그럴까?

알루미늄 캔에서 랩을 벗겨 낼 때 '박리 대전(剝離帶電)'이라는 현상이 발생한다. 이것은 두 종류의 다른 물질을 벗겨 낼 때 서로가 전기를 띠는 현상이다. 알루미늄 캔에는 이 대전에 의해 수천 볼트나 되는 높은 전압이 발생한다. 이 전압에 의해 지면과 연결된 인체와 알루미늄 캔 사이에 방전이 일어나 불꽃이 튀는 것이다. 즉 인체가 접지 역할을 하는 것이다.

불꽃이 튀어 약간 충격을 받지만 이 때 흐르는 전류량은 적기 때문에 위험하지는 않다. 아이에게 만지도록 해도 상관이 없다. 이것은 가정에서 흔히 일어나는 감전 사고와 관계가 깊다. 전류의 양이 크면 그것이 곧 감전 사고인 것이다. 따라서 아이들에게 전기 코드 등을 함부로 만지는 것이 위험하다는 사실을 이 실험을 통해 가르쳐 주면 좋을 것이다.

젖은 손으로 전기 코드를 만지면 위험해!

33 신맛 나는 숟가락

금속으로 만들어진 숟가락과 알루미늄 포일을 평행하게 들고 혀에 대면 아무렇지도 않지만 두 금속의 한쪽 끝을 접촉시킨 다음 다른 쪽에 혀를 대면 맛이 느껴진다.

마술 실험

1 숟가락과 알루미늄 포일을 아이에게 평행하게 잡도록 한 다음 혀를 대어 보도록 한다.
아무런 맛도 느낄 수 없을 것이다.

2 이번에는 숟가락과 알루미늄 포일의 끝을 접촉시킨 후 맛을 보도록 한다. 약간 신맛을 혀로 느낄 수 있을 것이다.

전해액 속에 두 종류의 금속이 들어가면 전지가 된다. 이 실험의 경우 침은 전해액이 되고, 숟가락과 알루미늄 포일은 두 종류의 금속이다. 따라서 혀에 숟가락과 알루미늄 포일을 댄 채로 다른 쪽을 접촉하면 전지가 되어 혀의 미뢰(감각 세포로 이루어진 미각의 일종)를 자극하여 맛을 느낄 수 있게 된다.

건전지도 많이 있나?

34 맥가이버도 놀란 숟가락 자석

**자석으로 숟가락을 몇 번 문지르면 숟가락이 자석이 된다. 그 숟가락을
탁자 모서리에 두드리면 자석의 성질이 사라진다.**

마술실험

1 금속으로 된 숟가락을 자석으로
여러 번 문지른다. 자석은 냉장고에
붙이는 메모지 접착용 자석을
사용해도 된다.

2 숟가락을 철제 종이 클립 등에
가까이 대면 숟가락이 자석이 되어
있다는 것을 확인할 수 있다.

3 이 자석이 된 숟가락을
단단한 탁자 모서리에 몇 번
두드리면 클립을 가까이 대어도
붙지 않게 된다. 두드리면 자석의
성질이 사라지기 때문이다.

숟가락을 구성하고 있는 금속은 분자 하나하나가 작은 자석으로 이루어져 있다고 볼 수 있다. 그러나 보통의 숟가락은 이러한 작은 자석이 여러 방향으로 흩어져 있기 때문에 전체로서는 자석이 되지 않는다. 이것을 자석으로 한 방향으로 문질러 주면 금속 안의 작은 자석들이 일정한 방향으로 정렬하기 때문에 자석의 성질을 갖게 되는 것이다.

자석이 된 숟가락을 탁자 모서리 같은 단단한 데 두드리면 이들 작은 자석의 방향이 다시 뿔뿔이 흩어져 버리기 때문에 자석의 성질이 사라지게 된다. 물론 영구 자석은 두드려도 방향이 그대로 유지되어 자성을 잃어버리지 않는다.

TIP POINT

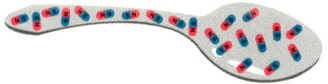

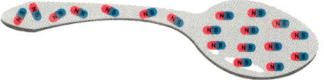

일반 숟가락   숟가락 자석

35 소금물 위에 세운 간장탑

농도가 진한 소금물을 가득 채운 컵 위에 간장을 몇 방울 떨어뜨려 색깔을 낸 물을 가득 담은 컵을 뒤집어 올려 놓아도 서로 섞이지 않고 경계를 이룬다.

마술실험

1 실험 방법은 '7. 물 위에 물 쌓기'와 같다. 더 이상 소금이 녹지 않을 정도로 농도가 진한 소금물과 간장으로 색깔을 낸 물을 채운 컵 두 개를 준비한다.

2 간장이 들어간 물컵에 전단지를 덮은 다음 거꾸로 뒤집어 소금물 컵 위에 올려 놓는다.

3 천천히 중간에 있는 종이를 잡아 당기면 아래의 소금물과 위의 간장물이 전혀 섞이지 않고 경계를 이룬다.

✓ 왜 그럴까?

간장물보다 소금물이 비중이 더 크기 때문에 경계면이 조용히 접하고 있는 한 두 용액은 전혀 섞이지 않는다(기름이 물에 항상 뜨는 이유를 생각하면 이해하기 쉽다). 소금물과 간장물이 확실히 나뉘어진 상태에서 하룻밤 그대로 방치해 두어도 두 용액은 전혀 섞이지 않는다. 그러나 두 개의 컵을 뒤집으면 무거운 소금물이 위쪽이 되기 때문에 소금물이 아래로 흘러 내려가 전체가 뒤섞여 흐린 간장색이 된다.

무거운 사람은 아래로, 가벼운 사람은 위로!

36 물이 담긴 필름통 들어올리기

물이 가득 찬 필름통을 명함으로 덮어 천천히 들어올리면 물을 흘리지 않고 필름통을 들어올릴 수 있다.

마술 실험

1 빈 필름통에 물을 넣은 다음 그 위에 필름통보다 약간 큰 사각형 신문지 네 장을 물에 적셔 겹쳐 둔다.

2 신문지 위에 명함을 놓고 필름통을 가볍게 눌러 물을 조금 흐르게 하여 단단하게 밀착시킨다.

3 명함의 양쪽 끝을 잡고 조심스럽게 들어올리면 물이 들어간 필름통을 들어올릴 수 있다.

   ※ 만일을 위해 접시나 쟁반 위에서 실험하세요.

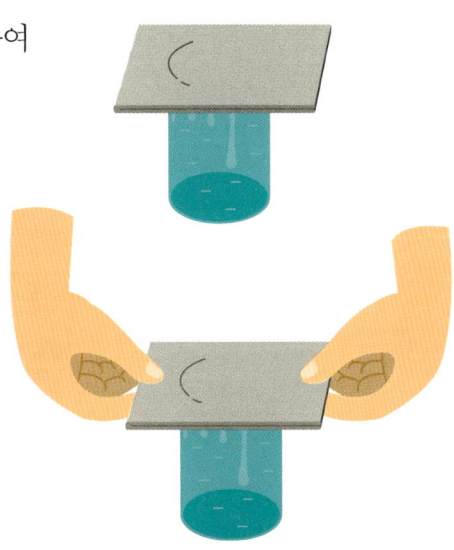

✓ 왜 그럴까?

이것은 대기압 및 필름통, 물 그리고 종이 사이에 작용하는 표면 장력 때문에 일어나는 현상이다. 물과 필름통 전체가 대기압에 의해 위로 밀어 올려짐과 동시에 표면 장력에 의해 위로 끌어당겨지는 것이다. 이러한 힘들을 합한 위로 향하는 힘이 물과 필름통 그리고 종이의 무게에 의해 아래로 향하는 힘보다 크기 때문에 떨어지지 않는 것이다. 신문지는 밀착성을 높이기 위해 사용하는 것이다. 연습하면 명함만으로도 가능하다.

37 앗! 병에 빨판이?!

무거운 빈 유리병이 손바닥에서 떨어지지 않고 붙어 있다.

마술실험

① 주스병 같은 빈 병에 뜨거운 물을 넣고 잘 흔든 다음 버린다.

※ 이 때 데지 않게 조심!

② 병 입구를 손바닥으로 덮어 밀폐시킨다.

③ 병이 식으면 병은 손바닥에 강하게 붙어 손바닥을 흔들어도 떨어지지 않는다.

✓ 왜 그럴까?

병 속의 뜨거운 물에서 나온 수증기가 공기를 병 밖으로 밀어낸다. 손바닥은 밀폐성이 매우 뛰어나기 때문에 병 속으로 공기가 들어가지 않고 병이 식어 감에 따라 밀폐된 병 속의 수증기가 물로 변하여 내부의 압력이 작아진다. 이 때문에 주위 공기의 압력(대기압)이 훨씬 높은 상태가 되고 병이 손바닥에 붙어 있는 것이다. 눈으로 보기에는 병이 손바닥에 달라붙어 있는 것 같지만 실제는 대기압에 의해 위쪽으로 눌려 있는 것이다.

38 천하장사 고무장갑

우유팩 속에 고정된 고무장갑이 아무리 잡아당겨도 빠지지 않는다.

마술실험

1 우유팩 위 부분은 칼로 잘라 낸다.

2 고무장갑을 우유팩 속에 넣고 끝을 우유팩 바깥 부분에 테이프로 고정하여 내부를 밀폐한다.

3 아이에게 우유팩 속의 고무장갑에 손을 넣어 밖으로 잡아당겨 보도록 한다. 그러나 절대로 우유팩에서 손이 빠지지 않는다.

✓ 왜 그럴까?

우유팩 속은 밀폐되어 있기 때문에 고무장갑을 잡아당기면 우유팩 속의 부피가 늘어나면서 공기의 압력이 낮아져 진공에 가까워진다. 따라서 외부의 대기압 때문에 고무장갑은 밖으로 빠져 나오기 어렵게 된다.

39 꼼짝 않는 신문지

신문지로만 눌러 놓은 나무젓가락을 단단한 막대기로 치면 신문지는
그대로 있고 나무젓가락만 부러진다.

마 술 실 험

1 물기가 없는 나무젓가락 한 개를
탁자에서 1/3 정도 나오게 하여
그 위에 신문지 한 장을 덮는다.

2 신문지를 위에서 눌러
나무젓가락과의 사이에 틈이
생기지 않도록 밀착시킨다.

3 탁자에서 1/3 정도 나온
나무젓가락 부분을 막자나 나무
주걱 같은 단단한 것으로
힘껏 치면 신문지는 그대로 있고
나무젓가락만 부러진다.

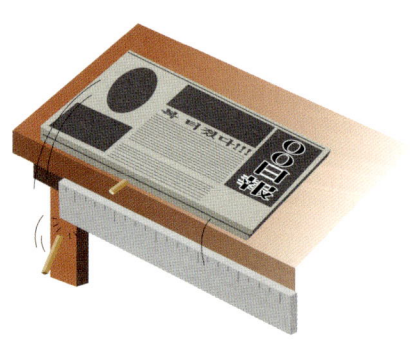

✓ 왜 그럴까?

이것은 신문지 위에 대기압이 작용하기 때문에 일어나는 현상이다. 신문지와 나무젓가락은 밀착되어 있어 공기가 없는 상태에서 나무젓가락은 상당히 큰 힘으로 눌려 있다. 따라서 순간적으로 나무젓가락을 치면 탁자에서 튀어나온 부분이 부러지는 것이다.

그런데 나무젓가락을 단단한 것으로 치지 않고 천천히 손가락으로 누르면 신문지가 간단하게 들어올려질 것이다. 따라서 재빠르게 치는 것이 중요하다. 이것은 신문지와 나무젓가락 사이에 공기가 들어가 대기압의 영향이 없어지기 때문이다.

40 신문지로 만든 연꽃

접은 신문지를 물에 담그면 신문지가 물 위로 뜨면서 안에 숨겨져 있던 꽃이 나타난다.

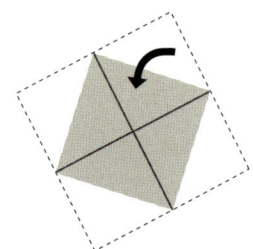

마술실험

1 신문지를 한 변의 길이가 20cm 정도 되는 정사각형으로 잘라 그 사각형의 중심점을 향하여 접는다.

2 중심 부분에 색종이로 접어 만든 꽃을 숨겨 둔 다음 물을 담은 그릇에 조심스럽게 올려 놓는다.

3 접은 부분이 펼쳐지면서 안에 숨겨진 꽃이 나타난다.

신문지가 물에 젖으면 종이 속의 섬유는 물을 흡수하여 곧바로 펼쳐진다. 접은 부분도 펼쳐져 서게 되고 이윽고 전부 젖어 수면 위에 펼쳐진다.

41 스티로폼 녹이기

스티로폼 접시에 레몬 껍질의 즙을 묻히면 스티로폼이 녹는다.

 마 술 실 험

❶ 고기나 야채를 담았던 스티로폼 접시를 준비한다.

❷ 그 위에 레몬 껍질('내용물'이 아니라 '껍질'인 것에 주의)의 즙을 묻히면 스티로폼이 녹아 버린다.

이것은 레몬 껍질의 즙이 스티로폼을 녹이는 성질을 가지고 있기 때문이다. 화학적으로는 리모넨이라는 물질인데, 레몬뿐만 아니라 감귤류의 껍질에는 같은 성분이 포함되어 있어 대량으로 발생하는 스티로폼 쓰레기를 처리하는 방법으로 기대되고 있다.

※ 자녀들에게 환경의 중요성을 가르쳐 줍시다!

플라스틱이나 비닐은 땅 속에서 500년 넘게 있어도 분해되지 않아

 42 물과 기름 사이에 뜬 얼음

마치 공중에 떠 있는 것처럼 물과 기름 사이에 얼음이 뜬다.

 마 술 실 험

❶ 컵에 물을 반 정도 붓는다.

❷ 그 위에 식용유를 반 정도 붓는다. 물과 기름은 정확하게 구분되어 아래에 물, 위에 기름으로 2층을 이룬다.

❸ 그 속에 얼음을 넣으면 정확하게 물과 기름의 경계 지점에 뜬다.

✔ 왜 그럴까?

얼음은 물보다 가볍고 기름보다 무겁기 때문이다. 액체가 고체가 되면 부피가 줄어들어 비중이 커지지만 물의 경우는 예외이다. 물이 얼음이 되면 부피는 오히려 늘어나게 된다. 유리병에 얼음을 넣고 얼리면 병이 깨지는

경우가 있는데, 이것은 물이 얼면서 부피가 늘어났기 때문이다. 얼음이 수면에 어는 이유도 바로 얼음이 물보다 더 가볍다는 데 있다.

43 잠수함 달걀

달걀은 보통 물 속에 넣으면 가라앉는데 컵의 중간에 떠서 위로도 아래로도 움직이지 않게 할 수 있다.

마술실험

❶ 가능한 큰 컵에 절반 정도 물을 넣고 그 속에 소금을 넣어 잘 저어 준다. 소금은 저어 주면서 녹지 않을 때까지 최대한 넣는다.

❷ 물을 컵의 가장자리에서 조금씩 '조심스럽게' 소금물에 따른다.
　※ 콸콸 부으면 소금물과 물이 섞여 버리기 때문에 조심해야 한다.

❸ 컵 속에 조심스럽게 달걀을 넣으면 달걀은 컵의 중간 부분에 떠서 움직이지 않는다.

컵 속은 두 개의 층으로 분리되어 아래는 포화 농도에 이른 소금물, 위에는 순수한 물로 되어 있다. 소금물의 비중이 달걀보다 크기 때문에 달걀이 그 위에 뜬다. 그러나 달걀의 비중은 물보다 크기 때문에 달걀은 물 아래에 있다. 이렇게 하여 달걀은 컵의 중간 부분에 정지하게 되는 것이다.

44 달걀을 삼키는 주스병

주스병 입구에 삶은 달걀을 놓아 두면 삶은 달걀이 병 속으로 빨려 들어간다.

마 술 실 험

❶ 주스병에 뜨거운 물을 넣고 잠시 흔든 다음 물을 버린다.
   ※ 이 때도 데지 않게 조심하세요.

❷ 껍질을 벗긴 삶은 달걀 (보통 크기보다 약간 작은 것을 반숙으로 삶는다)을 주스병 입구에 놓는다.

❸ 조금 지나면 삶은 달걀이 주스병 속으로 빨려 들어간다.

✓ 왜 그럴까?

주스병 속의 공기는 뜨거운 물에 의해 데워지면서 팽창하여 병 밖으로 나간다. 병 입구에 삶은 달걀을 놓아두면 밀착성이 좋기 때문에 병은 밀폐된다. 이 상태에서 병이 식으면 수증기가 물이 되어 병 속의 압력이 낮아진다. 이 때 대기압과 낮아진 압력의 차이에 의해 삶은 달걀이 병 속으로 밀려 들어간다.

응용

시간이 너무 많이 걸린다고 생각하는 사람은 병을 뜨거운 물에 담가 두면 빨리 결과를 볼 수 있다. 또한 가능한 아주 뜨거운 물을 사용하는 것이 좋다.

45 도전! 달걀 다이빙

컵 위에 올려 놓은 달걀이 두꺼운 종이를 잡아당기는 순간 첨벙 하고 물 속에 빠진다.

마술실험

1 컵에 4/5 정도 물을 붓고 그 위에 우유팩을 컵보다 크게 잘라 만든 정사각형의 두꺼운 종이를 올려 놓는다.

2 컵을 덮은 우유팩의 중앙에 두루말이 화장지의 심을 세우고 그 위에 달걀을 올려 놓는다.

3 두꺼운 종이를 수평으로 힘껏 잡아 뺀다. 그러면 달걀이 첨벙 하고 컵 속으로 빠진다.

　※ 실패하는 경우도 있으니 충분히 주의하세요.

✓ 왜 그럴까?

두꺼운 종이를 힘껏 잡아 빼면 가벼운 화장지의 심은 튀어 나가지만 무거운 달걀은 그대로 수직으로 떨어져 컵 속에 빠진다. 그 이유는 무거운 물체일수록 제자리에 있으려는 성질(관성)이 크기 때문이다. 되도록 재빠르게 종이를 빼는 것이 중요하다. 그리고 '날달걀'을 사용하면 실험이 더욱 스릴 있을 것이다.

46 달걀 세우기

끝 부분을 조금도 깨뜨리지 않은 달걀이 그대로 훌륭하게 선다.

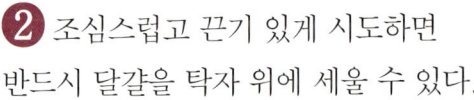

1 삶은 달걀을 사용해도 되고
날달걀을 이용해도 상관없다.
달걀 끝 부분을 아래로 하여
끈기 있게 균형점을 찾는다
(필자는 평균 5분 정도면 세울 수 있다).

2 조심스럽고 끈기 있게 시도하면
반드시 달걀을 탁자 위에 세울 수 있다.

달걀의 표면을 돋보기로 관찰하면 아래 그림과 같이 볼록볼록 튀어나온 점이 많이 있다는 것을 알 수 있다. 달걀의 중심이 아래 부분의 세 점으로 지탱할 수 있는 작은 면적을 찾아내면 달걀을 세울 수 있는 것이다. 휴지를 한 장 깔고 그 위에 달걀을 세우는 연습을 하면 더욱 쉽게 할 수 있다.

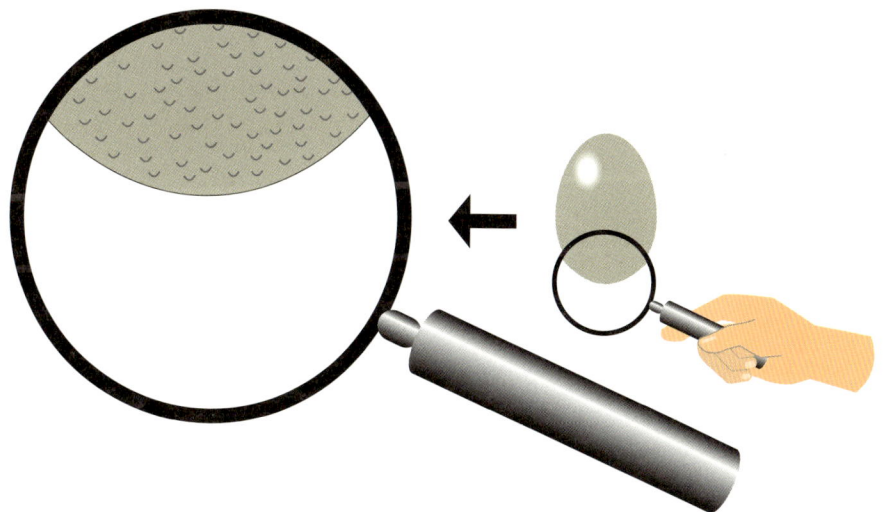

아빠는 마술사

V

실험 재료를 전혀 구할 수 없는
상황에서 아이가 원하는 대로
어떤 현상이 일어나도록 한다.
그러면 아빠는 '마술사'로서 아이의
존경을 받게 될 것이다.

47 초능력으로 반지 흔들기

길이가 다른 실에 매달린 세 개의 반지 중 아이가 가리킨 반지만 움직이게 한다.

마술실험

1 반지(무게와 모양이 달라도 상관없다)
세 개를 준비하여 각각 가는 실을
연결한다. 단 실은 짧은 것, 중간 것,
긴 것을 준비한다.

2 나무젓가락을 한 개 준비하여
실의 한쪽에 묶는다. 그리고 아이에게
어느 반지를 흔들리게 하고 싶은지
고르게 한다.

3 아이가 고른 반지를 뚫어지게
응시하며 그것만을 흔들려고 노력한다.
그 반지만 크게 흔들 수 있는 방법을
반드시 찾을 수 있다.

✓ 왜 그럴까?

실의 길이가 길면 진자의 진동 주기도 길고(한 번 왕복하는 데 시간이 많이 걸린다), 짧으면 진동 주기가 짧아진다. 즉 실의 길이에 따라 특정한 주기를 갖는 것이다. 예를 들어 세 개의 진자 중 가장 짧은 길이의 진자만 크게 흔들리게 하기 위해서는 외부에서 그 진동 주기에 해당하는 진동을 주면 되는 것이다. 따라서 나무젓가락을 살짝 흔들어 보면 원하는 진자의 주기를 찾아낼 수 있다. 그 주기에 맞추어 같은 방향으로 조금씩 힘을 가하면 점차 흔들림이 커지게 된다(이것을 공명 현상이라고 한다). 레이저가 발생하는 원리도 이와 같다. 이 때 다른 진자는 전혀 움직이지 않는다. 이 현상은 파동의 보강 간섭과 상쇄 간섭의 원리와 비슷하다.

TIP POINT

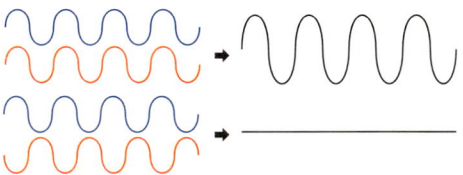

파동의 보강 간섭과 상쇄 간섭

48 지진과 건물

높이가 다른 세 개의 건물 중 아이가 가리키는 건물만 쓰러뜨린다.

마 술 실 험

① 알루미늄 캔을 여섯 개 준비하여 한 개만 세운 것, 테이프를 붙여 두 개를 연결한 것, 세 개를 연결한 것 세 종류를 만든다.

② 세 종류의 알루미늄 캔을 평평한 받침대나 두꺼운 종이 위에 올려 놓고 아이에게 어느 알루미늄 캔을 쓰러뜨릴지 가리키게 한다.

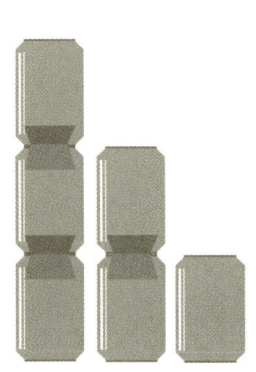

3 지정된 알루미늄 캔에 정신을 집중하여 받침대 한쪽을 잡고 수평면상에서 흔든다. 반드시 지정된 알루미늄 캔만을 쓰러뜨리는 방법을 발견할 수 있다(캔은 빈 캔이어도 되고 내용물이 들어 있어도 상관없다).

✓ 왜 그럴까?

건물이 지진으로 쓰러지는 것은 건물이 갖는 고유의 진동수와 지진에 의한 흔들림의 진동수가 일치하여 공명 현상을 일으키기 때문이다. 받침대를 빠르게 움직이면 낮은 알루미늄 캔이 공명하여 쓰러지고, 천천히 움직이면 높은 알루미늄 캔이 공명하여 쓰러진다. 그네를 잘 타려면 공명을 적절하게 이용해야 한다.

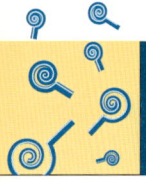

49 위를 끊을까 아래를 끊을까?

사과 위아래에 가는 실을 묶고 위와 아래 중 아이가 지정한 쪽의 실만 끊는다.

마술실험

1 사과를 실로 X자가 되도록 단단하게 묶는다.

2 사과의 위아래 실이 교차된 부분에 실을 연결하여 두 손으로 잡고 위와 아래, 어느 쪽 실을 끊는 것이 좋을지 아이에게 고르도록 한다.

3 위라고 지정하면 아래의 실을 천천히 당기고, 아래라고 지정하면 아래의 실을 힘껏 잡아당기면 원하는 대로 실이 끊어진다.

✓ 왜 그럴까?

어느 쪽 실이 끊어지는지는 언뜻 보기에는 우연으로 생각하기 쉽다. 그러나 실에 힘을 가하는 방법으로 위로도 아래로도 자유자재로 끊을 수 있다.

위의 실을 끊으려고 하는 경우에는 그 실에 큰 힘을 주기 위해 아래의 실을 천천히 당긴다. 그러면 아래의 실을 당기는 힘과 사과의 무게가 위의 실에 가해지기 때문에 위의 실이 끊어진다.

아래의 실을 끊으려고 하는 경우에는 그 실에 가능한 큰 힘을 주어야 하기 때문에 힘 있게 당긴다(이 때 재빨리 당기는 것이 중요하다). 사과가 갖는 관성에 의해 그 잡아당기는 힘은 위의 실에는 영향을 미치지 않고 아래의 실에만 큰 힘이 가해져 아래의 실이 끊어진다.

관성 때문에 버스가 서면 몸이 앞으로 쏠린다

끼익

58번 버스

50 편지 뜯지 않고 몰래 읽기

밖에서는 절대로 보이지 않는 봉투 속의 종이에 씌어진 내용을 읽는다.

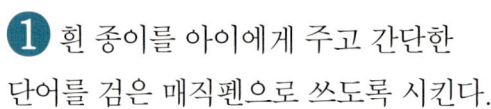

마 술 실 험

1 흰 종이를 아이에게 주고 간단한
단어를 검은 매직펜으로 쓰도록 시킨다.

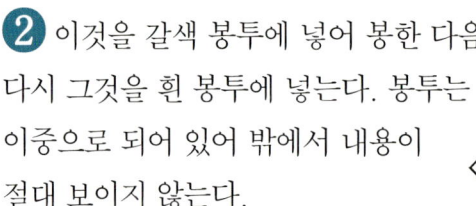

2 이것을 갈색 봉투에 넣어 봉한 다음
다시 그것을 흰 봉투에 넣는다. 봉투는
이중으로 되어 있어 밖에서 내용이
절대 보이지 않는다.

3 양면이 인쇄되어 있는 색깔이 진한
신문 광고지를 잘라 길이 10cm
정도의 통을 만들어 봉투에
가까이 대고 보면 안의
내용이 확실하게 보인다.

안 보일걸

   ※ 잘 안 보일 경우 밝은
   불빛을 통해 보세요.

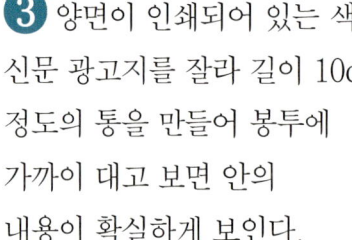

✓ 왜 그럴까?

봉투 속의 내용이 밖에서 보이지 않는 것은 흰 봉투에 외부의 빛이 부딪혀 나오는 반사광 때문이다. 그 빛을 차단하고 봉투의 내부를 통과하는 투과광만 보이도록 하면 속의 내용을 읽을 수 있다. 이러한 현상은 밤에 집 안에 불을 켜 놓으면 바깥이 보이지 않고 유리가 거울처럼 방 안의 모습을 비추는 것과 비슷한 경우이다. 이것은 밖에서 들어오는 투과광보다 집 안의 불빛이 유리에 반사되는 빛이 더 강하기 때문이다. 이 때 바깥을 보기 위해서는 유리에 가까이 다가가 손으로 방 안 불빛을 살짝 가리고 보면 된다.

응용

얇은 접시 뒷면에 수성펜으로 쓴 글씨도 읽을 수 있다. CD로 도전해 보면 반대쪽에 인쇄된 글씨를 읽을 수 있다.

칼럼 2 아인슈타인

병상의 소년 아인슈타인에게 나침반을 준 아버지

상대성 이론을 만든 물리학자 아인슈타인은 다섯 살 때 과학자로서의
첫발을 내딛었다고 한다.

병마에 시달리고 있었던
아인슈타인은 아버지로
부터 나침반을 받게 되
었다. 그때 아인슈타인
은 나침반을 어느 방향
으로 돌리더라도 바늘이
항상 북쪽을 가리킨다는
사실에 흥분을 감추지 못하
였다. 눈에 보이지도 않고,
손으로 잡을 수도 없는 힘이
멀리에서 작용하고 있다는
것을 처음으로 인식한 순
간이었다.

그는 이후 이 경험에 대해 다음과 같이 말했다.

"이 경험이 나에게 준 강한 인상은 나중에까지 잊혀지지 않았다. 사
물의 뒤에는 무엇인가가 숨어 있음에 틀림없다고 생각하였다."

나침반은 간단하게 만들 수 있는데, 그 방법은 다음과 같다.

냉장고 문에 붙어 있는 메모용 페라이트 자석과 바늘을 준비한 다음
자석으로 바늘을 한 방향으로 여러 번 문지른다. 이 자화된 바늘을 작
은 스티로폼에 찔러 물을 채운 컵에 띄운다. 바늘은 움직이면서 북쪽을
향할 것이다.

바늘은 쇠로 만들어져 있기 때문에 자화시키면 자석이 되어 남북을 향하게 된다. 예를 들어 페라이트 자석의 S극(메모지 보관용 자석은 겉과 안의 한쪽은 S극, 다른 한쪽은 N극으로 되어 있다)에 바늘의 뾰족한 부분의 위를 한 방향으로 문지르면 바늘의 뾰족한 쪽이 N극, 바늘 구멍이 있는 쪽이 S극인 자석이 된다. 그것은 바늘 속의 분자 자석이 움직여 N극 방향으로 향하기 때문이다.

그런데 여러분의 자녀는 과연 아인슈타인과 같은 흥분을 기억할까요.

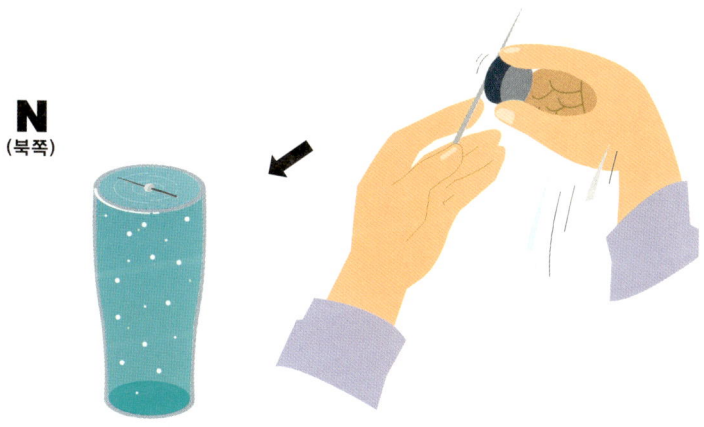

N
(북쪽)

몸으로 하는 과학 마술

아이의 몸이 실험의 재료가 된다.
어린 시절 한 번은 해본 적이
있을 법한 것도 다루었다.
어린 시절을 떠올리면서
아이들과 즐기세요.

VI

51 슈퍼 손가락

의자에 앉아 있는 아이의 이마를 손가락으로 누르는 것만으로 아이가
일어나지 못하게 할 수 있다.

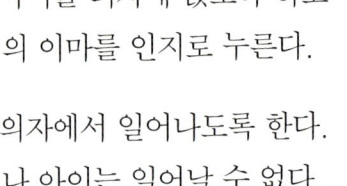
마술실험

1 아이를 의자에 앉도록 하고
아이의 이마를 인지로 누른다.

2 의자에서 일어나도록 한다.
그러나 아이는 일어날 수 없다.

✔ 왜 그럴까?

의자에서 일어나기 위해서는 우선 상반신을 앞으로 기울여 몸의 중심을 앞으로 이동해야 한다. 그 다음에 발로 바닥을 눌러 그 반작용으로 몸이 일어나게 되는 것이다. 그러나 손가락으로 이마를 누르면 아무리 애를 써도 상반신을 앞으로 기울일 수 없다. 그렇게 되면 무게중심을 앞으로 이동시킬 수 없기 때문에 결코 일어날 수 없는 것이다.

52 앗! 팔이 줄어든다

양 팔을 앞으로 내밀어 한쪽 팔만 굽혔다 폈다 하는 동작을 반복하면
그 팔이 2~3cm 줄어든다.

 마 술 실 험

1 아이에게 양쪽 팔을 앞으로
내밀게 한다. 팔의 길이는
물론 같을 것이다.

2 양 팔을 앞으로 뻗은 상태에서
한쪽 팔만 30회 정도 굽혔다
폈다 하는 동작을 반복하도록
한다.

3 양 팔을 앞으로 내밀어
비교해 보면 굽혔다 폈다 하는
동작을 한 쪽의 팔이 2~3cm
짧아져 있다.

뼈의 관절 부분은 원래 조금 느슨하게 되어 있는데 그것을 근육과 인대가 단단하게 지탱하고 있다. 팔을 심하게 굽혔다 폈다 하는 동작을 반복하면 근육과 인대가 수축하는데 수축한 근육과 인대는 굽혔다 폈다 하는 동작을 중단한 후에도 잠깐 동안은 수축한 상태로 있다. 이 때문에 관절의 느슨한 부분이 긴장되어 일시적으로 팔이 줄어든 상태가 되는 것이다. 팔의 수축은 시간이 지나면 원래 상태로 되돌아오기 때문에 걱정하지 않아도 된다.

TIP POINT

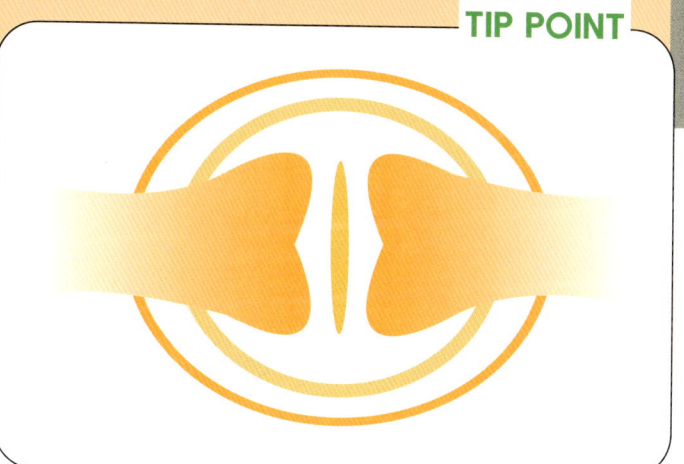

53 앗! 등뼈가 늘어난다!?

몸을 앞으로 구부렸을 때 전혀 바닥에 손이 닿지 않는 유연하지 않은 아이도 숨을 내쉬면서 하면 점차 몸이 늘어나 바닥에 손이 닿는다.

마 술 실 험

1 양손을 가지런히 하고 무릎을 편 상태에서 아이에게 앞으로 구부리도록 하여 양손과 머리가 바닥을 향하도록 한다.

2 간단하게 바닥에 손이 닿으면 이 실험을 할 필요가 없다. 바닥에서 20cm 정도 거리가 떨어져 있을 때 실험해 본다. 한 번, 두 번, 세 번 아이에게 크게 숨을 내쉬도록 한다.

3 이상하게도 숨을 내쉴 때마다 아이의 손이 바닥에 가까워져 결국 바닥에 손이 닿는다.

✓ 왜 그럴까?

몸을 지지하고 있는 근육과 인대를 느슨하게 하기 위해 숨을 내쉰다. 그러면
앞으로 굽히기가 쉬워져 결국 아래로 늘어뜨린 손이 바닥에 닿게 된다.

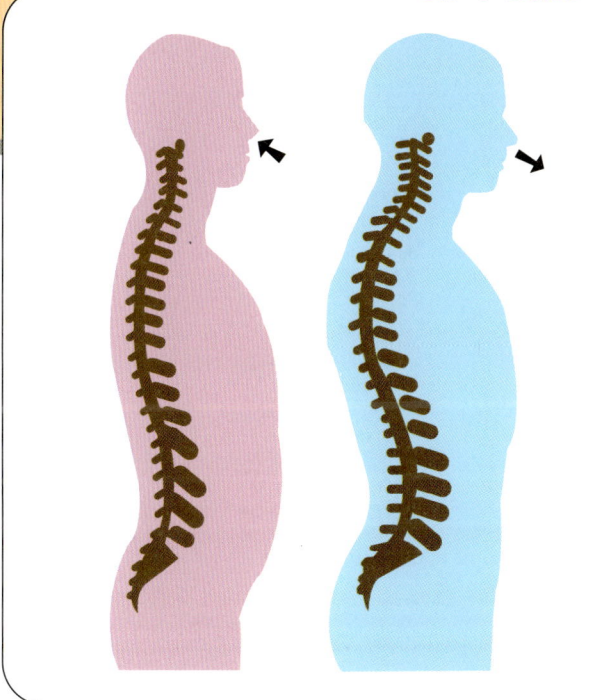

TIP POINT

천재 과학자의 어린 시절

에디슨

어린 에디슨에게 과학 실험책을 주신 어머니

에디슨의 어머니는 에디슨에게 쉬운 그림이 그려진 집에서 해볼 수 있는 과학 실험책을 선물로 주었다. 에디슨은 그 실험을 대부분 실제로 해보면서 과학에 재미를 붙였다.

에디슨의 호기심은 어른이 되어서도 끊이지 않아 전구의 필라멘트를 만드는 데에도 2천수백 번이나 되는 실험을 거쳐 많은 실패를 이겨내고 결국 수명이 1000시간이나 되는 에디슨 전구를 완성시켰다.

그 필라멘트는 교토(京都)의 오토코야마(男山)에서 잘라 낸 대나무를 태워 만든 것이었다. 그것을 기념하여 야와타(八幡) 시 역 앞의 길을 '에디슨 길'이라고 이름이 붙였고 그의 흉상을 세웠다.

에디슨이 필라멘트를 만들어 낸 실험은 아래와 같다.

대나무 꼬챙이를 알루미늄 포일로 이중으로 감싸 밀폐시킨 다음 핀셋으로 집어 강한 가스불에서 몇 분간 가열한다. 알루미늄 포일 틈에서 가스와 재가 나오면서 탄다. 몇 분 후에 꺼낸 대나무 꼬챙이는 가늘고 검은 숯이 된다.

숯에는 두 종류가 있는데 하나는 전기가 잘 통하지 않는 연한 흑탄이고, 다른 하나는 전기가 잘 통하는 단단한 백탄이다. 비장탄(備長炭)은 대표적인 백탄으로 장시간 공기 없이 고온에서 연소할 수 있다.

　　단일 전지 네 개를 직렬로 연결하여 대나무 꼬챙이로 만든 숯에
접속하면 전구 속의 필라멘트처럼 밝게 빛날 것이다.

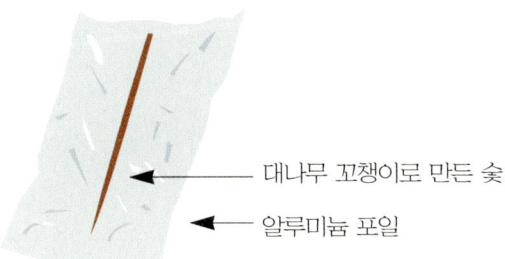

　　　　　　　　　　　　　　　　　← 대나무 꼬챙이로 만든 숯

　　　　　　　　　　　　　　　　　← 알루미늄 포일

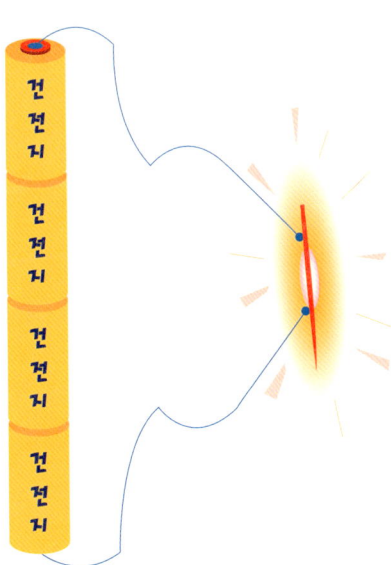

거실에서 할 수 있는 과학 마술

카드 놀이를 하는 대신 오늘밤은
과학 마술로 즐깁시다.
온 가족이 모두 모여 자 시작합시다.

거실에서 할 수 있는 과학 마술

빨대 피리

빨대로 간단하게 피리를 만들 수 있다. 그것을 가위로 자르면 다른 소리를 낸다.

 **마 술 실 험**

① 빨대의 한쪽 끝을 잡고 세게 불면 빨대 피리를 만들 수 있다.

② 끝에서부터 조금씩 빨대를 가위로 자르면서 불면 소리의 높이가 점차 달라진다.

✔ 왜 그럴까?

소리가 나는 것은 빨대 내부에서 공명이 일어나기 때문이다. 소리의 높이는 빨대의 길이와 관계가 있어 긴 빨대의 경우는 낮은 소리가 공명하고, 짧은 빨대의 경우는 높은 소리가 공명한다. 이 때문에 소리를 내면서 빨대를 자르면 소리의 높이가 변하는 것을 느낄 수 있다. 소리의 높낮이는 파장의 길이와 관계 있는데, 빨대를 자르면 파장이 짧아진다. 파장이 길면 낮은음이, 짧으면 높은음이 된다.

응용

같은 모양의 컵이 몇 개 있다면 각각의 컵에 양을 달리하여 물을 넣는다. 그것들을 젓가락으로 두드려 보면 다른 소리가 날 것이다. 이것도 빨대 피리와 똑같은 원리로 공명하는 물 위의 기체 부분의 길이가 다르면 소리의 높낮이가 다르다.

TIP POINT

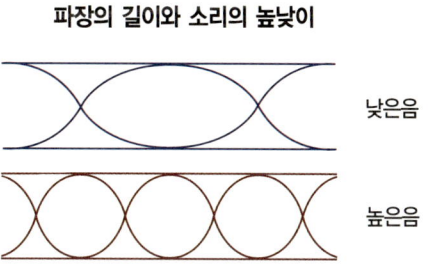

파장의 길이와 소리의 높낮이

낮은음

높은음

55 공중에 뜬 허리띠

허리띠와 사인펜 뚜껑 전체는 그것을 지지하는 손가락 끝보다 훨씬 바깥쪽에 있지만 아래로 떨어지지 않는다.

마 술 실 험

① 허리띠(얇고 가는 것)의 중심 부분을 사인펜 뚜껑에 끼워 넣는다.

② 뚜껑의 끝을 손가락 끝에 조심스럽게 올려 놓는다. 마치 허리띠가 공중에 떠 있는 것처럼 균형이 잡힌다.

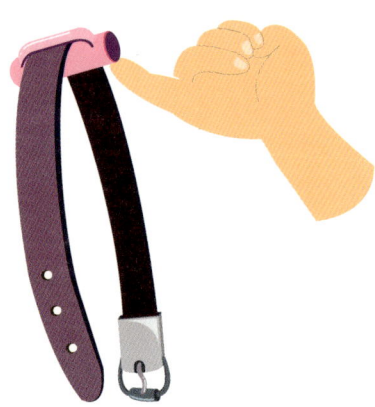

✓ 왜 그럴까?

균형을 유지한 상태에 있을 때 허리띠와 뚜껑 전체의 중심은 지지하고 있는 손가락 끝에서 수직으로 내린 선상에 있으므로 떨어지지 않는다.

56 고무풍선 안 터지게 찌르기

보통은 뾰족한 꼬챙이로 고무풍선을 찌르면 터져 버린다. 그러나 터뜨리지 않고 고무풍선을 꼬챙이로 찌를 수 있다.

마 술 실 험

1 꼬치 구이 등에 사용하는 꼬챙이의 끝을 칼로 더욱 뾰족하게 다듬는다.

2 부풀린 고무풍선 끝의 투명하지 않고 색이 진한 부분에 천천히 꼬챙이를 끼운다.

3 풍선은 터지지 않고 꼬챙이는 고무풍선을 뚫고 들어간다. 입구의 묶은 부분으로 빼내면 풍선을 관통할 수도 있다.

※ 물론 잘못하면 터질 수도 있습니다.

고무풍선을 불어 잘 관찰하면 고무의 팽팽한 '배' 부분과 매듭이 있는 '배꼽' 부분이 있다는 것을 알 수 있을 것이다. 그 배꼽과 풍선 입구 부근의 주름이 잡힌 부분 두 곳은 뾰족한 꼬챙이로 찔러도 터지지 않고 반대로 고무가 수축하기 때문에 공기가 새어 나오거나 터지지 않는다.

57 탁구공 공중에 띄우기

드라이기로 차가운 바람을 위로 나오게 하여 그 바람 위에 탁구공을 놓으면 탁구공은 상하좌우로 심하게 움직이다가 멈추어 서서 아래로 떨어지지 않는다.

마술실험

① 드라이기를 냉풍으로 설정하여 바람을 위로 향하게 한 다음 그 바람 위에 조심스럽게 탁구공을 올려 놓는다.

② 탁구공은 상하좌우로 심하게 흔들리지만 어느 순간에 공중에 멈추어 서서 결코 아래로 떨어지지 않는다.

③ 바람의 방향을 바꾸면 탁구공도 바람이 부는 방향으로 움직인다. 그리고 흔들림이 멈춘다.

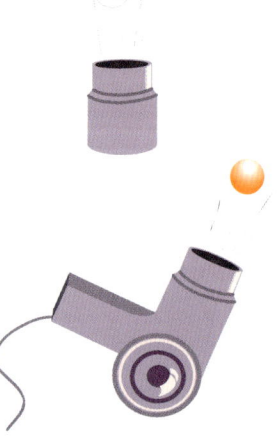

✓ 왜 그럴까?

드라이기의 입구를 위로 하여 바람이 나오게 한 다음 탁구공을 그 위에 놓으면 탁구공은 공중에 뜬 상태가 된다. 탁구공이 위아래로 움직이는 것은 탁구공의 무게 때문이다. 또한 좌우로 움직이는 것은 탁구공 옆을 통과하는 공기 흐름의 속도가 다르기 때문이다. 즉 공기의 흐름이 빠른 지점일수록 그 부분의 압력이 작아져(베르누이 정리) 반대쪽에서 압력을 받아 움직이는 것이다.

바람의 방향을 바꾸어도 탁구공이 떨어지지 않는 것은 양력이 발생하여 탁구공에 작용하는 중력과 힘의 균형을 유지하기 때문이다. 또한 흔들림이 정지하는 것은 탁구공의 좌우를 통과하는 기류가 일정하게 되기 때문이다.

58 중심 쉽게 찾기

중심의 위치를 알 수 없는 막대일지라도 3초 안에 중심을 찾아내어 한 점에서 떠받친다.

마 술 실 험

1 신문지나 달력을 말아 원뿔 모양으로 만든 것을 테이프로 연결하여 길게 한다. 가능한 길게 만드는 것이 실험하기에 더욱 쉽다.

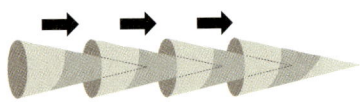

2 양손의 인지로 양끝을 떠받친 다음 원뿔통의 아래를 미끄러지듯이 중심을 향하여 양 손가락을 움직인다.

3 이렇게 하면 양손의 인지가 서로 미끄러졌다가 정지하는 것을 반복하다가 중심의 한 점에서 손가락 두 개가 만나 원뿔통을 떠받친다.

✓ 왜 그럴까?

원뿔통의 중심이 두꺼운 부분에 가까이 있으면 양끝을 떠받치는 손가락 중 가는 부분을 떠받치는 손가락과 원뿔통 사이의 마찰력이 작아진다. 두 개의 손가락을 중심을 향하여 움직이면 마찰력이 작은 쪽이 더 많이 움직인다. 어느 정도 손가락이 움직이면 이번에는 다른 쪽이 마찰력이 더 작아져 그쪽 손가락이 움직인다. 이런 식으로 서로 조금씩 중심으로 접근하여 결국 두 손가락이 마주친다. 그 점이 바로 중심이다.

응용

손가락을 사용하지 않고 팔 전체를 이용할 수 있다면 막대 모양이 아닌 것도 중심점을 찾을 수 있다. 또한 볼펜을 잡고 똑같은 방식으로 중심점을 찾아낼 수도 있을 것이다.

59 정전기 나비 띄우기

얇은 비닐 봉지를 잘라 만든 나비가 플라스틱 책받침 위에서 춤을 춘다. 책받침이 움직이면 나비도 움직인다.

마 술 실 험

① 얇은 비닐 봉지를 나비 모양으로 잘라 낸다. 크기가 진짜 나비와 비슷하면 좋을 것이다.

② 플라스틱 책받침과 나비 모두 화장지로 잘 문지른다.

③ 나비를 공중에 놓고 그 아래에 책받침을 대면 팔랑팔랑 날아오른다.

비닐 봉지 나비나 플라스틱 책받침을 화장지로 문지르면 둘 다 (−)정전기를
띠게 된다. 이 정전기는 전압이 수천 볼트나 되어 나비와 책받침 사이에는
상당히 큰 반발력이 작용한다. 그 때문에 가벼운 나비는 책받침의 움직임에
따라 팔랑팔랑 여기저기를 날아다니게 되는 것이다.

60 아빠는 슈퍼맨

비닐 봉지에 입김을 불어넣으면 판자 위에 앉은 아이를 간단하게 들어 올릴 수 있다.

마 술 실 험

1 쓰레기 봉지 같은 큰 비닐 봉지를 바닥에 놓고 그 위에 단단한 판자를 올려 놓는다.

2 비닐 봉지 입구의 반대쪽을 책으로 받친 다음 판자 위에 아이를 앉게 하고 비닐 봉지에 입김을 불어넣는다.

3 아이를 태운 판자가 들어올려진다.

아이와 판자를 합한 무게는 비닐 봉지 전체로 분산된다(힘의 분산). 따라서 비닐 봉지의 한 점만 놓고 보면 그렇게 무게가 실려 있는 것은 아니다. 이 때 봉지는 크면 클수록 좋다. 비닐 봉지에 불어넣은 입김의 압력이 이 무게를 떠받칠 수 있다면 아이를 들어올릴 수 있는 것이다.

만일 아이가 비닐 봉지 위에 직접 앉아 있다면 들어올리는 것은 무리이다. 그 이유는 힘이 골고루 분산되지 않기 때문이다. 이런 식으로 힘의 분산을 잘 이용하면 풍선 위로도 자동차가 지나갈 수 있다.

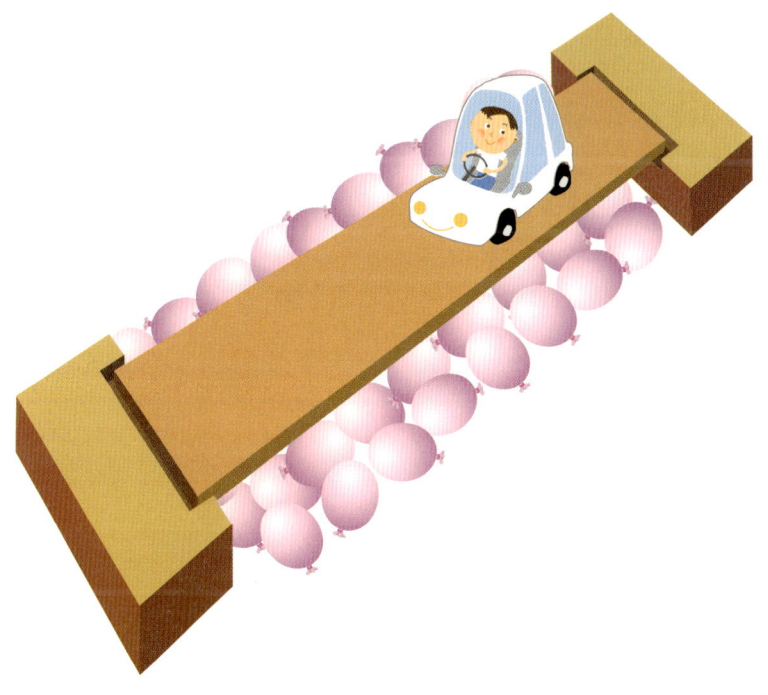

거실에서 할 수 있는 과학 마술

61 지우개의 무중량 체험

종이컵 바닥에 고무줄을 연결하여 가장자리에서 밖으로 늘어뜨린 두
개의 지우개가 종이컵을 떨어뜨림과 동시에 종이컵 속으로 들어간다.

마 술 실 험

① 길이 2cm 정도 크기의 지우개
두 개에 컵의 높이보다 짧은 두꺼운
고무줄을 테이프로 부착한다.

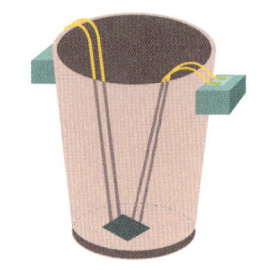

② 고무줄의 다른 쪽 끝을 종이컵
바닥에 테이프로 고정하고
지우개를 잡아당겨 밖으로
꺼내 가장자리에 늘어뜨린다.

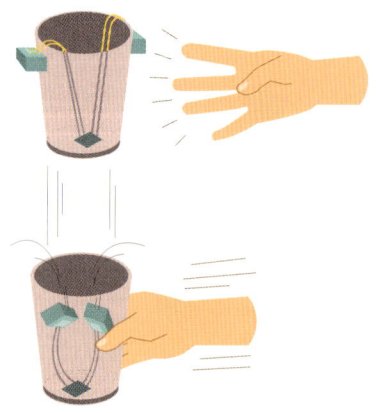

③ 종이컵을 높이 들어 공중에서
손을 놓는다. 재빠르게 손을 내려
아래에서 종이컵을 잡는다.
이 때 지우개는 종이컵 안에
들어가 있다.

종이컵을 떨어뜨리기 전에는 지우개의 무게와 고무줄이 지우개를 잡아당기는 힘이 균형을 이루어 지우개가 종이컵 가장자리에 늘어뜨려져 있다. 그러나 종이컵을 떨어뜨리는 순간 지우개의 무게가 없어져(무중량 상태) 그 자리에 있게 되는데 낙하 중인 지우개는 잡아당기는 힘(탄성력)에 의해 종이컵 속으로 들어가 버린다. 무중량 상태란 중력은 작용하지만 중력의 효과가 줄어들어 미소 중력만 작용해 무게(중량)가 0에 가까워진 상태를 말한다.

바이킹과 무중량 체험
내려올 때 중력 감소를 경험하게 된다.
만약 엘리베이터가 자유 낙하한다면 그 안에 있는 사람은 중력이 줄어드는 것을 경험한다.

62 전화 카드 안경

전화 카드에 작은 구멍을 뚫고 보면 근시인 사람도 멀리 있는 글씨가 선명하게 보인다.

마술 실험

1 전화 카드에 바늘로 작은 구멍을 뚫는다.

2 근시인 아이에게 안경을 벗고 전화 카드 구멍으로 밖에 보이는 가게의 간판을 보도록 한다.

3 안경을 쓰지 않으면 절대 보이지 않는 간판의 글씨가 보인다.

✔ 왜 그럴까?

작은 구멍으로 본 경치는 이상하게 원근에 관계없이 초점이 맞아 확실하게
보인다. 이것은 물체의 한 점(예를 들면 그림의 A, B)에서 나온 빛이 작은
구멍을 통과하므로 한 점으로 확실하게 비추어지기 때문이다.

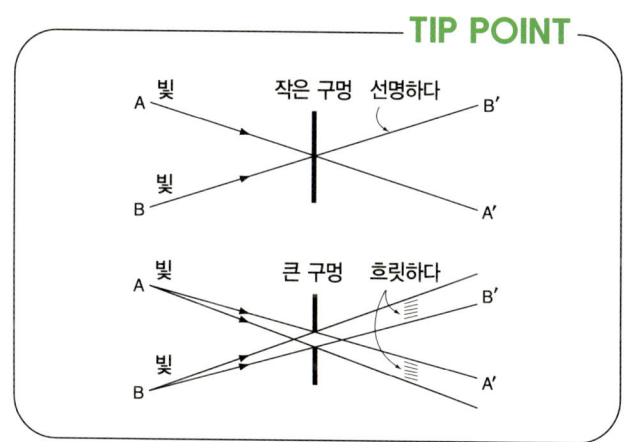

TIP POINT

63 동전 슛!

탁자 위의 동전 윗면을 강하게 불면 위를 불고 있는데도 동전이 튀어
올라 그릇 속으로 들어간다.

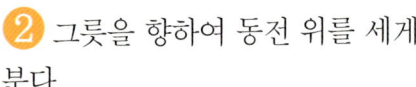

① 탁자 위에 깊지 않은 그릇을
놓고 20cm 정도 떨어진 위치에
동전을 준비한다.

② 그릇을 향하여 동전 위를 세게
분다.

　※ 공기를 윗입술 쪽에
　모았다가 동전을
　약간 내려다보며
　순간적으로 불어야
　한다.

③ 위를 불었는데도 동전은 튀어
올라 그릇 속으로 들어간다.

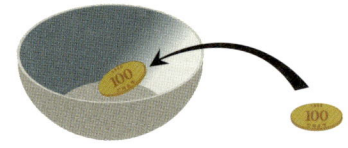

✓ 왜 그럴까?

이것도 '베르누이 정리'에 의한 것이다. 동전 위 부분은 입김 때문에 공기의 흐름이 빨라져 압력이 내려간다. 이 때문에 동전은 아래에서의 양력에 의해 들어올려지

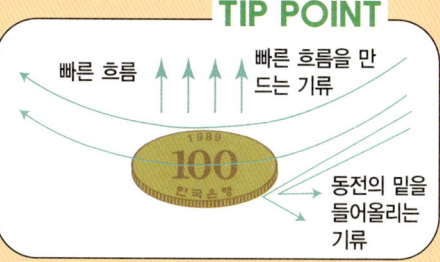

TIP POINT

빠른 흐름

빠른 흐름을 만드는 기류

동전의 밑을 들어올리는 기류

게 된다(만일 동전이 젖어 있다면 테이블에 달라붙어 아래에서의 양력이 가해지지 않아 들어올려지지 않는다). 그 다음엔 입김을 타고 그릇까지 날아오르게 되는 것이다.

응용

입김의 세기를 조절할 줄 알게 되면 칵테일 잔에서 칵테일 잔으로 혹은 그릇에서 그릇으로 같은 요령으로 동전을 옮길 수도 있다.

64 터널 속의 라디오

터널 모양의 알루미늄 포일 속에 방송이 나오고 있는 라디오를 집어넣으면 소리가 나지 않는다.

마 술 실 험

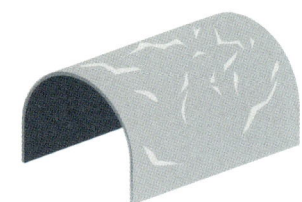

① 알루미늄 포일로 라디오가 들어갈 정도 크기의 터널을 만든다.

② 방송이 나오고 있는 상태의 라디오를 알루미늄 포일 터널 속에 넣는다. 라디오 소리가 나지 않는다.

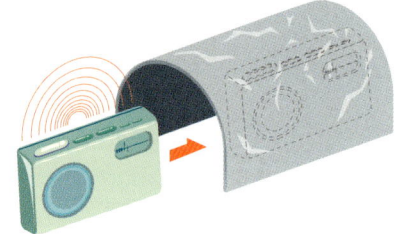

③ 라디오를 이동시켜 알루미늄 포일 터널에서 빼낸다. 라디오 소리가 다시 들리기 시작한다.

✓ 왜 그럴까?

전파는 금속 같은 도체를 빠져 나갈 수 없다. 콘크리트도 도체이기 때문에
멀리서 오는 전파가 터널에 차단되어 안으로 들어갈 수 없다. 자동차를 타고
라디오를 들으면서 터널 속으로 들어가면 치지직거리는 것도 그 때문이다.
그러나 터널 속에 무선 중계 장치를 설치한 경우에는 잘 들린다.

65 뒤집히지 않는 명함

가벼운 명함인데도 아무리 세게 불어도 움직이지 않고 탁자에 달라붙어 있다.

마술실험

① 명함을 'ㄷ'자 형태로 구부려 탁자 위에 놓는다.

② 'ㄷ'자 형태의 뚫린 부분에 입을 가까이 대고 세게 입김을 불어넣는다. 아무리 세게 불어도 명함은 탁자에 달라붙어 움직이지 않고 오히려 위 부분이 안쪽으로 휘는 것을 관찰할 수 있다.

✔ 왜 그럴까?

기류가 강한 부분일수록 기압이 내려간다(베르누이 정리). 따라서 명함 바깥 쪽의 대기압이 큰 힘이 되어 명함을 누르기 때문에 명함이 움직이지 않는 것이다.

응용

캠핑을 갔을 때 바람이 강하게 불어 텐트가 날아가려고 할 때에는 텐트의 일부를 열어 바람이 통과하도록 하면 텐트가 날아가지 않는다.

TIP POINT

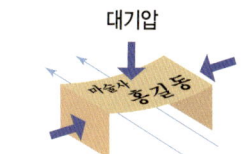

대기압

과학쇼 홍길동

빠른 흐름

66 변덕쟁이 고무풍선

고무풍선이 팽창할 때 고무풍선에 뺨을 가까이 대면 따뜻하고, 고무풍선이 수축할 때 가까이 대면 차갑다.

마술실험

❶ 아이에게 뺨을 대도록 하고 고무풍선을 분다. 고무풍선이 따뜻해지는 것에 아이는 놀랄 것이다.

❷ 뺨을 댄 채로 이번에는 바람을 빼내 수축시킨다. 갑자기 차가워지는 것에 아이는 또 한 번 놀랄 것이다.

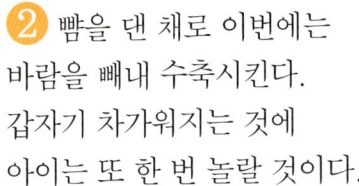

✔ 왜 그럴까?

자전거 타이어에 공기를 넣으면 어느새 펌프의 금속 부분이 뜨거워진다. 공기가 압축되면 온도가 올라가기 때문이다. 이것은 기체 방정식을 통해 정리되는데, 그 핵심은 압력과 부피의 곱이 온도에 비례한다는 것이다.

풍선이 팽창한다는 것은 이러한 압축된 공기가 안으로 들어가는 것으로 외부에서 에너지가 들어가고 있다는 것이다. 따라서 당연히 온도가 올라간다. 반대로 풍선이 수축할 때는 안의 공기가 힘 있게 밖으로 나간다. 이 때 공기의 운동 에너지로 열을 빼앗겨 온도가 내려가는 것이다.

기체의 온도와 압력의 상관 관계

기체 방정식 : '압력 × 부피'는 온도에 비례

67 빨대 속을 회전하는 실

빨대를 세게 불면 빨대 안에 긴 고리로 연결된 실이 빙글빙글 돈다.

 **마술실험**

① 빨대의 가운데 아래에 칼로
작은 구멍을 뚫는다.

② 1미터 정도 길이의 실을 바늘에
꿰어 빨대를 통과하는 고리를 만든다.

③ 빨대를 세게 분다. 실 고리가
회전하기 시작한다.

빨대를 불면 바람은 빨대 안을 힘 있게 달린다. 그때 빨대에 뚫은 구멍 부근
의 기압이 내려가 구멍을 통하여 가는 실이 안으로 빨려 들어온다(이 현상도
역시 베르누이 정리로 설명할 수 있겠지요?). 바람이 연속해서 통과하므로
실은 원을 그리며 회전한다.

68 클립 자동으로 연결하기

S자형으로 만 종이에 끼운 클립이 종이 양끝을 강하게 잡아당기면 하나로 연결되어 밖으로 튀어 나간다.

마 술 실 험

① 종이를 3cm 정도의 폭으로 길게 잘라(나무젓가락 포장 종이라면 그대로 쓸 수 있다) S자형으로 만들어 그림과 같이 두 곳에 클립을 꽂는다.

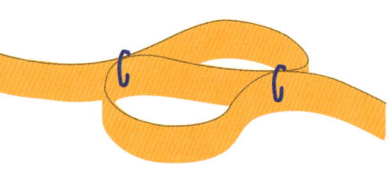

② 종이 양끝을 잡아당긴다. 두 개의 클립이 서로 맞물리면서 하나가 되어 밖으로 튀어 나간다.

✓ 왜 그럴까?

종이 양끝을 천천히 잡아당기면 두 개의 클립이 서로 맞물리면서 하나가 되는데, 이 때 두 클립은 말을 탄 것과 같은 모양이 된다. 그리고 종이 양끝을 세게 잡아당기면 두 개의 클립이 하나가 되어 튀어 나간다.

응용

아래 그림과 같이 클립 세 개로 하거나 고무줄을 끼워 실험해도 재미있을 것이다.

TIP POINT

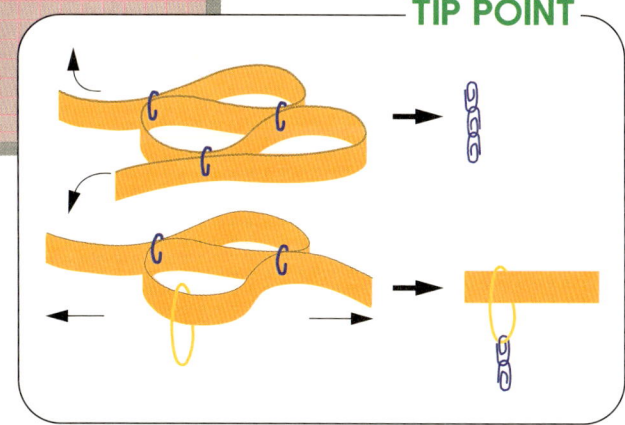

69 자르면 연결되는 고리

띠 하나로 사슬을 만들 수 있을까? 뫼비우스의 띠를 이용하여 중심 부분을 이등분하면 사슬을 만들 수 있다.

마 술 실 험

① 종이를 가늘고 길게 잘라 한 번 꼰 다음 끝을 테이프로 고정하여 뫼비우스의 띠를 만든다.

② 중심을 정확하게 이등분하여 자르면 큰 고리를 만들 수 있다.

③ 만들어진 큰 띠의 중심을 다시 이등분하여 자르면 이번에는 두 개의 띠가 연결된 사슬을 만들 수 있다.

✔ 왜 그럴까?

이 실험에는 특별한 원리가 있는 것은 아니다. 이렇게 하면 이렇게 된다고
설명할 수밖에 없다. 뫼비우스의 띠는 매우 이상한 입체이다. 안과 겉을 구
분할 수 없기 때문이다. 출발점으로 되돌아가기 위해서는 원주의 두 배를 이
동해야 한다.

응용

이 실험으로 만들어진 두 개의 띠의 중
심 부분을 다시 반으로 잘라 보자. 이번
에는 네 개의 띠가 연결된 고리를 만들
수 있다.

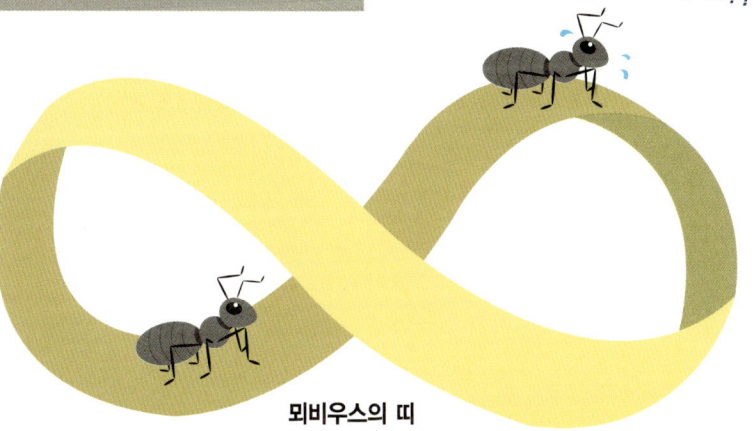

어디가 바깥이고, 어디가 안이야?!

뫼비우스의 띠

태양 아래에서 하는 과학 마술

집안만이 과학 실험의 무대는 아니다.
때로는 밖으로 나가 햇빛을 흠뻑 받으며
아이와 함께 실험을 하도록 하자.

70 분무기로 무지개를 만든다

태양을 등지고 서서 분무기로 물을 분사하면 아름다운 무지개를 만들 수 있다.

마술실험

❶ 맑은 날에 태양을 등지고 서서 분무기로 물을 분사한다.

❷ 물방울을 통해 아름다운 무지개를 볼 수 있다.

✔ 왜 그럴까?

안개는 작은 물방울이 모인 것이다. 작은 물방울에 햇빛(평행 광선)이 닿으면 빛이 공 모양의 물방울 속에 들어가 반사하여 밖으로 나온다(아래 그림). 이 때 물방울 속에서 빛의 굴절률이 그 파장에 따라 다르기 때문에 빛은 일곱 가지 색(빨, 주, 노, 초, 파, 남, 보)으로 나타나 무지개를 만든다. 빨간 무지개는 지면에서 42° 방향으로 가장 위에서, 보라색은 40° 방향으로 가장 아래쪽에서 볼 수 있다(아래 그림은 이해를 돕기 위해 각도를 과장하여 그린 개념도이다).

TIP POINT

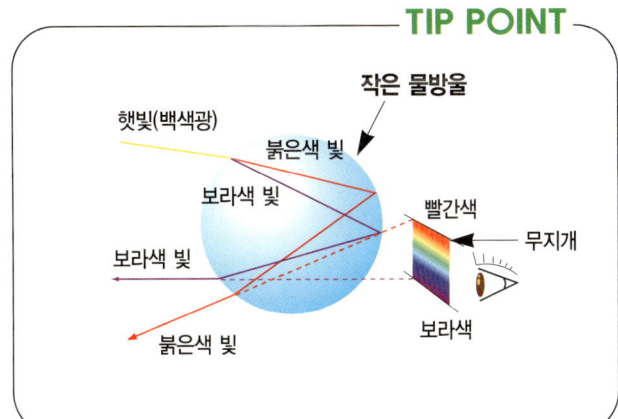

71 자동 여과 손수건

흙탕물이 들어 있는 컵 속에 손수건의 한쪽 끝을 담그고, 다른 한쪽은 다른 컵에 넣어 두면 그 컵에는 깨끗한 물만 넘어온다.

마 술 실 험

1 컵에 물을 붓고 그 속에 진흙을 넣어 흙탕물을 만든다.

2 또 다른 빈 컵을 준비하여 손수건의 한쪽은 흙탕물이 든 컵에, 다른 한쪽은 빈 컵에 집어넣는다.

3 시간이 지나면 빈 컵에는 깨끗한 물만 모이기 시작한다.

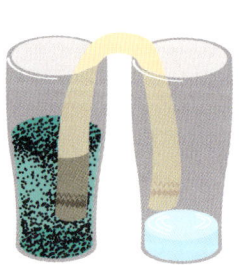

✓ 왜 그럴까?

흙탕물 속에 담긴 손수건을 따라 물이 조금씩 올라온다. 이것은 손수건을 이루고 있는 섬유의 모세관 현상에 의해 물이 빨아 올려지기 때문이다. 나무의 뿌리에서 줄기와 잎으로 물이 올라갈 수 있는 것도 바로 모세관 현상 때문이다. 이렇게 하여 진흙 입자와 물이 분리되어 깨끗한 물만 다른 컵으로 이동하는 것이다.

TIP POINT

모세관 현상

줄기에는 가는 모세관이 있어 물이 중력을 이기고 위로 올라간다.

72 떠오르는 쓰레기 봉지

검은 쓰레기 봉지를 부풀려 햇빛을 쪼이면 천천히 하늘로 올라간다.

마술실험

❶ 크고 검은 쓰레기 봉지의 입구를 손으로 오므리고 드라이기로 뜨거운 바람을 넣어 부풀린다.

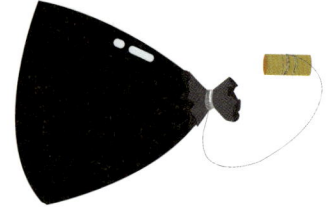

❷ 쓰레기 봉지의 입구를 테이프로 밀폐한 다음 긴 실을 튼튼하게 연결한다.

❸ 밖으로 나가 햇빛을 쪼이면 쓰레기 봉지는 천천히 상승한다. 이 실험은 바람이 없는 날을 골라 광장에서 아이와 함께 하면 좋을 것이다.

✔ **왜 그럴까?**

쓰레기 봉지가 검은색이기 때문에 햇빛의 열을 잘 흡수하여 내부의 공기가 데워진다. 가열된 기체는 팽창하고 팽창된 공기는 가벼워진다. 그러면 봉지의 부력이 커져 위로 올라가게 된다. 열기구가 날아오르는 원리와 같다. 다만 열기구는 크고 무겁기 때문에 계속해서 인공적으로 열을 가해 주어야 한다.

우리 차는 왜 이리 더워?

우리 차는 시원하다!

차분하게 시간을 들여서 하는 과학 마술

지금까지는 간단하게 할 수 있으면서
효과가 큰 실험을 소개하였다.
여기에서는 조금 복잡한 장치가
필요한 실험을 소개하겠다.
그만큼 효과는 더욱 클 것이다.

73 욕심 없는 컵

음료수가 컵의 4/5까지 차면 그대로 마실 수 있지만 그 이상 음료수를
따르면 전부 넘쳐 흘러 버리는 술잔이 있다.

마 술 실 험

❶ 종이컵 바닥에 구멍을 뚫어
그 구멍에 구부러지는 빨대를
∩자형으로 꽂는다.

❷ 천천히 컵에 음료수를
부으면 빨대가 잠길 때까지는
물이 전혀 넘치지 않는다.

❸ 음료수를 좀더 부어 빨대가
완전히 잠기면 바닥에서 세차게
음료수가 흘러 나온다.

✓ 왜 그럴까?

∩자형 빨대가 물에 잠기면 컵 속의 빨대에 물이 차게 되기 때문에 물의 무게에 의해 물이 밖으로 흘러 나온다. 일단 물이 흘러 나가기 시작하면 대기압에 의해 물이 눌려 있기 때문에 내부에 있는 빨대의 가장 아래 부분까지 흘러 나간 다음에 정지한다. 이 원리는 수세식 화장실에도 응용되고 있다.

응용

종이컵에 장착하는 빨대의 위치를 컵의 옆쪽에 고정한 다음 빨대를 종이로 감추어 두면 좀더 효과적인 실험이 된다.

TIP POINT

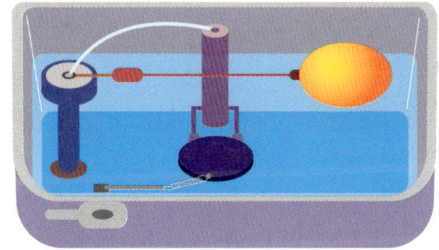

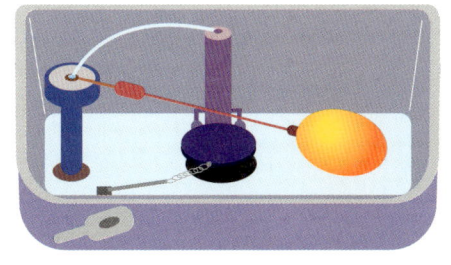

74 도넛 연기 뿜는 공기 대포

구멍이 뚫린 상자를 두드리면 도넛 모양의 연기가 멀리까지 날아가 촛불을 꺼뜨린다.

마술실험

1 과일 상자 등을 테이프로 밀폐한 다음 옆면에 지름 10cm 정도의 구멍을 하나 뚫는다.

2 향을 피워 구멍을 통해 연기를 넣어 상자 속에 가득 채운다. 그리고 구멍 앞 3미터 정도 지점에 초를 세워 둔다.

3 상자의 양면을 두 손으로 두드리면 도넛 모양의 연기가 상자의 구멍에서 나와 일직선으로 진행하여 촛불을 꺼뜨린다.

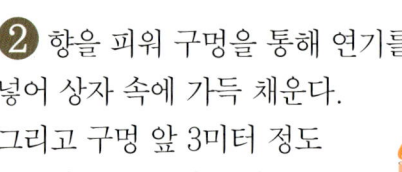

상자를 두드리면 상자의 부피가 순간적으로 줄어들기 때문에 밀려 나온 공기가 도넛 모양의 연기가 되어 빠른 속도로 전진한다. 연기는 그림과 같이 안쪽에서 바깥쪽을 향하여 회전하면서 진행한다. 이 때 만들어진 빠른 기체의 흐름이 초의 불꽃과 부딪혀 촛불이 꺼지는 것이다.

75 인공 지능 잠수부

물 속에 떠 있는 플라스틱 간장통이 자유롭게 올라갔다 내려갔다 한다.

마 술 실 험

❶ 생선 초밥 도시락에 딸려
나오는 간장통의 입구를 땜납줄
또는 철사로 묶어서 매단 다음 물을
조금 부어 컵의 물에 살짝 뜰 정도로
조절하여 인공 지능 잠수부를
만든다.

❷ 페트병에 물을 가득 채워 위에서
만든 잠수부를 넣은 다음 뚜껑을
단단하게 조인다.

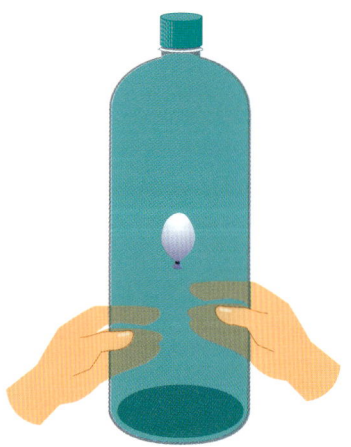

❸ "가라앉아라" 하고 말하면서
페트병을 손바닥으로 누르면
잠수부가 가라앉고, "떠올라라" 하고
말하면서 손을 놓으면 잠수부가
떠오른다.

✔ 왜 그럴까?

페트병을 손바닥으로 누르면 그 압력이 물을 통하여 잠수부에 전달되어 간장통 속의 공기가 눌려 그 부피가 작아진다. 이렇게 물에 가해진 압력이 순간적으로 사방에 전달되어 멀리 떨어져 있는 물체에까지 압력이 미치는 현상을 '파스칼의 원리'라고 한다. 부피가 작아진 잠수부 속의 공기는 그만큼 부력이 감소하여 잠수부가 무거워져 가라앉는다. 이와 같이 물 속에서 부피와 같은 부피의 물 무게만큼 부력을 받는 원리를 '아르키메데스의 원리'라고 한다. 손을 놓으면 간장통 속의 공기 부피가 원상태가 되어 떠오른다.

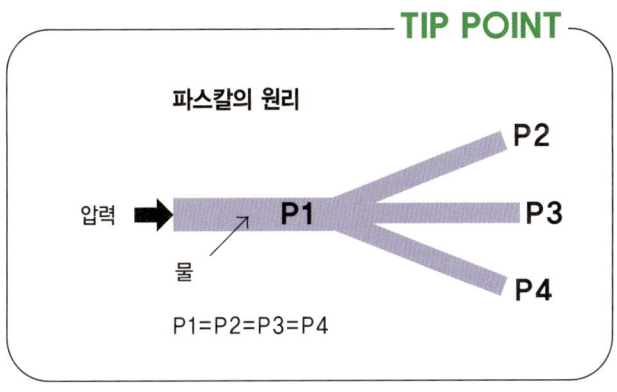

TIP POINT

파스칼의 원리

P1=P2=P3=P4

엄마 아빠와 겨루는 과학 마술

X

재료와 장치는 간단하지만
조금 연습이 필요한 실험이다.
따라서 부모와 아이 중 누가 더 잘하는지
겨루어 보면 재미있을 것이다.

76 펜 골인시키기

병 위의 가벼운 대나무 고리 위에 세운 펜이 안으로 쑥 들어간다.

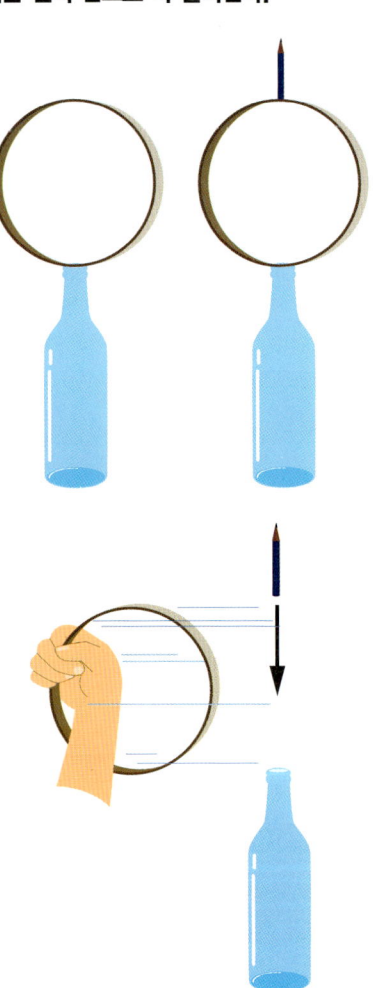

마술실험

① 유리병 위에 지름 15cm 정도의 대나무 고리를 놓는다. 이 대나무 고리는 어머니가 수를 놓을 때 사용하는 틀을 빌리면 될 것이다.

② 대나무 고리의 정점에 조심스럽게 펜(또는 짧은 연필)을 세운다.

③ 대나무 고리를 꽉 쥐고 힘껏 평행하게 잡아당긴다. 연습을 여러 번 하면 정확하게 펜이 병 속으로 들어간다.

✓ 왜 그럴까?

처음 성공하였을 때에는 감동 그 자체이다. 이 실험은 '질량이 있는 것은 항상 원래의 운동 상태가 되려고 한다' 는 '관성의 법칙' 에 따른 것이다. 대나무 고리를 힘껏 평행하게 잡아당기면 펜은 원래의 상태를 유지하며 그대로 병 속에 골인된다. 이 실험의 요령은 얼마나 빨리 대나무 고리를 잡아당기는가에 있다. 그렇지 않으면 펜은 그냥 쓰러져 버린다.

77 부메랑이 되돌아오는 이유

멀리 던진 부메랑은 반드시 원래 위치로 되돌아온다.

마술실험

1 1리터짜리 우유팩을 $20cm \times 3cm$ 크기로 네 장 잘라 내어 두 장씩 붙여 튼튼한 두 장을 만든다.

2 십자로 교차시켜 안과 겉 모두 테이프로 고정한 다음 네 개의 날개 모두 가운데를 접는다.

3 그림과 같이 산 모양이 얼굴을 향하도록 들고 지면에 대해 수직으로 회전하도록 던진다. 원호를 그리면서 부메랑이 되돌아온다.

날개를 산 모양으로 구부려 회전하도록 하면 산 바깥쪽 공기의 흐름이 빨라
진다. '베르누이 정리'에 의해 압력이 작아져 부메랑은 안으로 향하는 힘을
받아 크게 좌회전을 하면서 던진 위치로 되돌아온다.

축구를 잘하려면 과학도 잘 알아야 해요!

맺음말

이 책을 쓰는 데 참고한 책은 우선 실험이 정확하게 그려져 있는 《보여 주는 물리》(G. D. Freier 지음)이다. 30년 전에 씌어진 이 책은 전세계에서 모은 약 800종의 물리 실험이 게재되어 있는데, 그 서문에서 저자는 다음과 같이 말하고 있다. "이 많은 실험은 저자가 정리한 것이다. 불행하게도 대다수의 아이디어는 시간이 경과하여 누가 제안자였는지 확인하기 어렵다. 따라서 이 책은 많은 교육 현장의 교사들에 의해 씌어진 것이라고 생각하면 좋겠다."

다음으로 참고한 것은 현재 활발하게 과학 보급 활동을 벌이고 있는 갈릴레오 공방의 통신이다. 필자도 이 그룹에 속한 회원인데 이 통신에는 한 달에 한 번 있는 회의(약 50명 참가)에서 발표된 많은 독특한 실험 사례가 게재되고 있다.

또한 1992년부터 매년 일본에서 개최되고 있는 '청소년을 위한 과학 제전'의 안내 책자에도 각지의 초·중·고 및 대학 현장의 선생님들이 제공하는 많은 재미있는 실험들이 실려 있다. 필자는 이 제전의 초기부터 4년간 전국 대회 실행 위원장을 역임하면서 젊고 활동적인 많은 선생님들과 알게 되었고 그들과 함께 여러 실험을 개발하였다. 그 선생님들의 협력에 감사의 뜻을 전하고 싶다.

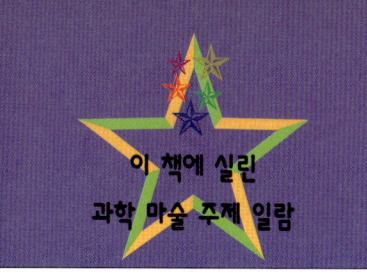